環境・くらし・いのちのための

化学のこころ

伊藤明夫 著

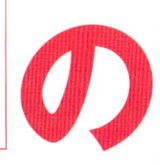

裳華房

SENSE OF CHEMISTRY,
UNDERSTANDING OF NATURE AND LIFE

by

AKIO ITO   DR. SCI.

SHOKABO
TOKYO

はじめに

　化学は，字のとおり「化ける」ことを研究する学問です。「化ける」というのは「もの」が別の「もの」になること，「変化する」ことです。また，「変化」の様子を調べていくには，「もの」が何からできているのかを知る必要があります。つまり，「化学」とは「もの」が何からできているか，なぜ，どのように変化していくかを調べる学問です。また，そこでわかったことを利用して，新しい性質をもち，これまでに見られなかった変化をする物質を創り出す学問でもあります。

　「もの・物質」の「変化」は私たちの生活の中の至る所で頻繁に見られます。例えば，水を冷やせば氷に，熱すれば水蒸気に変化します。紙や木に火をつければ炎を出して燃えて，後に灰が残ります。私たちのからだの中でも同じようなことが起こっています。食べた物がからだの中で変化して筋肉になったり，エネルギーになったりしています。

　本書は，これまであまり化学(あるいは理系科目)になじみがなかった皆さんに，自分の身のまわりのものや現象に対して化学的なものの考え方やセンス＝「化学のこころ」で感じ，理解し，考える力を養ってもらうことを目的としています。

　本書は環境，くらし，いのち，の3部から構成されています。まず，水資源から始まり，大気，地面などの私たちを取り巻く「環境」はどのような構成になっているのか，人の生活によりそれがどのように変化しているのかを解説します。次に，日々の「くらし」の中で見られるごく身近なものの変化や現象がどのような原理で起こっているかを見ます。そして最後に，自分自身のからだの中で起こっている「いのち」に関連した変化の様子を説明します。

　このように，非常に広い範囲のテーマが16章にわたって述べられています。皆さんの興味や必要性により，適宜取捨選択していただければと思います。

　さて，一般教育の化学の教科書は，大きく2つのタイプに分けられます。一つは，化学を専門とする学生のための入門書のようなもので，専門的な内容を単に簡略化して説明したものです。この種のものでは，簡略化のため化学式や反応式に頼った説明をしていることが多いので，これらを苦手とする学生には抵抗感があり，また，内容も原子や分子の成り立ちから始まるので，日常生活とのつながりがわかりにくくなります。

　もう一つのタイプは，雑談や話題のネタを提供するようなもので，身のまわりのさまざまな物質の面白そうなお話を並べたものです。それぞれは面白く，化学的な説明もわかりやすいのですが，話の互いの関係がよくわからず，化学としての全体像が見えにくいことがあります。

したがって，本書では，高等学校の化学の体系の延長，あるいは理系の化学の内容をそのまま簡略化したものにならないように，しかし，体系的な流れは保てるように努力しました．さらに，多くの皆さんに化学が敬遠されている大きな理由の一つである化学記号，化学式，計算などを極力使わないで，それぞれの事項を平易な言葉で説明することに努めました．そのため，説明がどうしても表面的にならざるを得ない部分がありますが，本書では「化学のこころ」を知ってもらうことが目的ですので，舌足らずな面はご容赦ください．

本書の巻末には，各章末用の練習問題とそれらに対する解答へのヒントをまとめています．解答はほとんど本文に記述していますので，その箇所を明示しています．自分がどの程度理解しているかを知る参考にしてください．

本書で学ぶことにより，生活を支えている化学の基本的な考え方を身につけて欲しいことはもちろんですが，同時に，化学に限らず，科学的，論理的なものの考え方を感じ取ってほしいと思います．

終わりに，以上の著者の想いを実現できる機会を与えてくださった裳華房，そして，実現の具体的な過程において，細部にわたるさまざまな面でお世話をいただいた編集部の山口由夏氏に心から感謝申し上げます．

2010 年 9 月

伊 藤 明 夫

目　次

第1部　環境を知る

第1章　水　－最も身近な環境－

- 1.1　使用可能な水の量はごくわずか　2
- 1.2　水はどう利用されているか　3
- 1.3　水をきれいにする　－浄水－　5
- 1.4　水の自浄作用　6
- 1.5　生活排水と水質汚染　7
- 1.6　水質検査　－BODとCOD－　8
- 1.7　水資源枯渇の危機　9
- 1.8　「緑のダム」の効果　10

第2章　大気　－きれいな空気を求めて－

- 2.1　歴史とともに変化してきた大気　13
- 2.2　無いと生きていけない酸素，実は有毒　15
- 2.3　オゾン層破壊とフロン　16
- 2.4　光化学スモッグの主役はオゾン　18
- 2.5　二酸化炭素と地球温暖化　19
- 2.6　地球温暖化がもたらす影響　20
- 2.7　ノックス (NOx)・ソックス (SOx) と酸性雨　21

第3章　大地　－いのちと暮らしの基盤－

- 3.1　岩石と鉱物と土　23
- 3.2　人類最初の化学の利用　－焼きもの－　24
- 3.3　ガラスとセメント　24
- 3.4　豊かな土壌とは？　26
- 3.5　土壌の汚染　27
- 3.6　土壌の砂漠化と森林の効果　28
- 3.7　酸性雨が生態系に及ぼす影響　29

第4章　環境化学物質　－環境を蝕む－

- 4.1　「夢の物質」が実は…　32
- 4.2　火で洗える布・魔法の鉱物アスベストは「静かな時限爆弾」　33
- 4.3　がんと環境化学物質　35
- 4.4　廃棄物とその処理　37

第5章　エネルギー －現状と将来－

5.1　エネルギー資源　39
5.2　エネルギー消費の現状　40
5.3　発電　41
5.4　電池のいろいろ　43
5.5　燃料電池　44
5.6　太陽電池　46
5.7　バイオマス燃料　47

第２部　くらしを知る

第6章　不思議な水の性質

6.1　氷・水・水蒸気の3つの状態の変化　50
6.2　氷はなぜ浮く？　51
6.3　水はなぜほかの物質と違うか　52
6.4　水は暖まりにくく冷えにくい　53
6.5　表面張力と毛管現象　55
6.6　完全に純粋な水は存在するか？　56

第7章　ものが燃えるとは

7.1　燃えるということは…　57
7.2　ものが燃えるためには…　58
7.3　引火と発火　58
7.4　燃えるものと燃えないもの　59
7.5　煙・すす・灰の正体は？　60
7.6　不完全燃焼　60
7.7　消火　61

第8章　溶ける・洗う

8.1　溶けるということは…　63
8.2　溶液・溶媒・溶質・濃度　64
8.3　よく溶けるには…　65
8.4　浸透圧と逆浸透法　66
8.5　コロイド　68
8.6　乳濁液・エマルション　69
8.7　石けんも両親媒性物質　70
8.8　合成洗剤　71
8.9　ドライクリーニング　71

第9章　くっつくとは

9.1　「くっつく」には3通りある　73
9.2　吸着というのは…　73
9.3　身近な吸着剤　74
9.4　接着とは…　75
9.5　さまざまな接着剤　76
9.6　粘着とは…　76

第 10 章　色をつける

10.1　色（いろ）とは…　79
10.2　色素の変遷　80
10.3　主な色のもと　81
10.4　色を塗る　83
10.5　染める　84
10.6　食品・化粧品の着色　85

第 11 章　暮らしの中の金属

11.1　金属の特徴　87
11.2　合金　89
11.3　鉄　90
11.4　アルミニウム　90
11.5　銅　91
11.6　貴金属　92

第 12 章　進化し続けるプラスチック

12.1　合成樹脂とプラスチック　95
12.2　天然品の代替えとして生まれたプラスチック　96
12.3　プラスチックの特徴　97
12.4　プラスチックの基本的な構造　97
12.5　プラスチックの種類と用途　99
12.6　金属やガラスの代わりをするプラスチック　100
12.7　環境にやさしいプラスチック　102

第 3 部　いのちを知る

第 13 章　生体内で働いている分子たち

13.1　タンパク質とアミノ酸　106
13.2　糖質　108
13.3　脂質　110
13.4　核酸　111
13.5　ビタミン　113
13.6　無機質　113

第 14 章　栄養と代謝

14.1　主な栄養素の役割　115
14.2　酵素の働き　116
14.3　グルコースから ATP がつくられる代謝　118
14.4　脂肪がエネルギーを生む代謝　119
14.5　アミノ酸の代謝と必須アミノ酸　121
14.6　代謝反応の調節　121

第15章　体内の化学情報伝達 －ホルモンと神経－

　15.1　細胞間の情報伝達法　　124
　15.2　ホルモンのいろいろ　　124
　15.3　ホルモンの働き方　　126
　15.4　糖尿病とホルモン　　126
　15.5　神経系による情報ネットワーク　　128
　15.6　神経伝達と伝達物質　　129

第16章　からだを守るシステム

　16.1　二度なし現象 －免疫－　　132
　16.2　抗原と抗体　　133
　16.3　免疫とは自己と非自己の識別　　134
　16.4　微妙に調節されている血液凝固　　135
　16.5　血液検査と尿検査　　136
　16.6　健康を化学で測る　　137
　16.7　くすりの開発と化学　　138
　16.8　化学と細菌との戦い －多剤耐性菌の出現－　　140

練習問題　142
参考文献　146
問題解答とヒント　147
索　引　151

地球は水の惑星　11
おいしい水とは…　12
活性酸素と寿命 －生きることは老化すること－　16
ロンドンスモッグ事件　22
第三の石器時代始まる？　26
化学者が日本の農地荒廃を救った　31
「天然はよいが，合成は悪い」は間違い！　36
化学物質による環境汚染を摘発した女性たち　38
新しいエネルギー資源 －燃える氷・メタンハイドレート－　48
フリーズドライ法　53
超純水　56
さび・使い捨てカイロ・脱酸素剤　62
梅酒つくりには，なぜ氷砂糖？　67
シャンプーとリンス　72
濡れるものと濡れないもの　78
ダイレクトメールの綴じ込み　78
RGBとCMYK　83
藍染めとジーンズ　86
金属と色　93
人工宝石が可能になってきた　94
重さの数百倍の水を吸うプラスチック　103
細胞の中にタンパク質は何個くらいある？　112
ABO血液型の違いは糖鎖の違い　114
分子のレベルでは生物はよく似ている　120
新陳代謝 －タンパク質の寿命－　123
サリンは神経毒　131
免疫は「神のご加護」？　134
血液検査でAST（GOT）やALT（GPT）を測って何がわかる？　141

第 1 部
環境を知る

第 1 章

水 —最も身近な環境—

　水は，私たちに最も身近な物質です。空気がなくても生きている生物はありますが，水はすべての生きものに必須です。生命があるところ，必ず水があります。

　水は，私たちの暮らしや産業にとっても欠かすことのできない，最も重要な資源です。産業の発達や人口の増加に伴い，大量の水が使われるようになってきました。同時に，水資源の不足と海洋や河川の汚染が大きな問題となっています。最も身近な水をめぐる環境の現状は？

1.1　使用可能な水の量はごくわずか

　地球では，水は海や氷原，湖沼，河川として，また，地中の地下水や大気中の水蒸気として，いろいろな形で存在しています。総量は約 14 億 km^3 と推定されています。この中で最も多いのは，地球表面積の約 4 分の 3 を占めている海に存在する水 (海水) で，地球全体の水の量の大部分，97.5 % に当たります (**表 1.1**)。

　残りの 2.5 % が塩分を含まない淡水ですが，この中には南極や北極の陸地を覆う平均 2000 m 以上の厚い大陸氷河や海に浮かぶ氷山やヒマラヤなどの高山の氷雪のように氷の状態で存在する水が含まれています。このような氷や雪として存在している水は淡水の約 70 % に当たります。

　淡水の残りの約 30 % のうちの約 29 % が地下水です。しかし，その大部分は地面から非常に深い所にあるため，私たちが簡単に利用すること

表 1.1　地球上の水の分布

分　類		割　合 (%)
海　水		97.5
淡　水	氷	1.76
	地下水	0.76
	地表水	0.01
	大気中	0.001
	生物中	0.0001

(『日本の水資源（平成 21 年版）』(国土交通省水資源部, 2009) を改変)

はできません。比較的利用しやすい河川や湖沼に存在する淡水の量は，地球上の水のわずか 0.01％ ほどにすぎません。このわずかな水を，全人類を含めすべての陸上生物が分かち合って生きているのです。

　水は，海，湖沼，河川，樹木から蒸発して大気中の水蒸気となり，上空で冷やされて雨や雪となって地上に降りそそぎます。このとき，海から蒸発する水の量は全蒸発量の約 85％ を占めています。ところが，雨として海に戻る量は約 75％ で，陸地の方が蒸発量に比べて降水量が多くなっています。陸地に降った水は川や地下水として生物を潤し，いずれは河川を通じて再び海に戻るという循環が行われています。

　日本の年平均降水量は約 1700 mm で，世界の陸地の年平均降水量（約 800 mm）のほぼ 2 倍であり，水資源に恵まれた国と考えられています。しかし，これに国土面積をかけて，全人口で割った一人当たり年降水量は約 5000 m^3 で，世界の平均値約 17000 m^3 の 3 分の 1 以下であり，むしろ水資源条件の厳しい国といえます。

1.2　水はどう利用されているか

　水は大きく分けて，生活用水，工業用水，および農業用水として使われています（**図 1.1**）。

　生活用水は，家庭用水と都市活動用水に分けられます。家庭用水は，一般家庭の飲料水，調理，洗濯，風呂，掃除，水洗トイレ，散水などに用いる水です。一方，都市活動用水には，飲食店，デパート，ホテルなどの営業用水，事業所用水，公園の噴水や公衆トイレなどに用いる公共

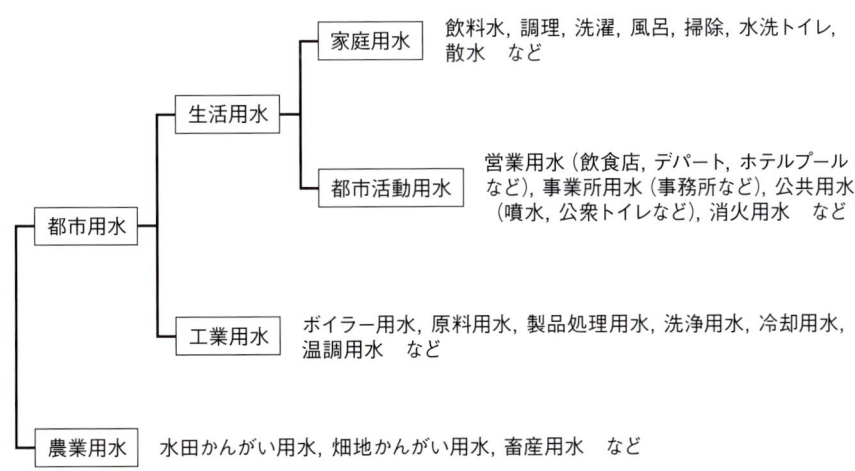

図 1.1　水の利用
(『日本の水資源（平成 21 年版）』(国土交通省水資源部, 2009) より)

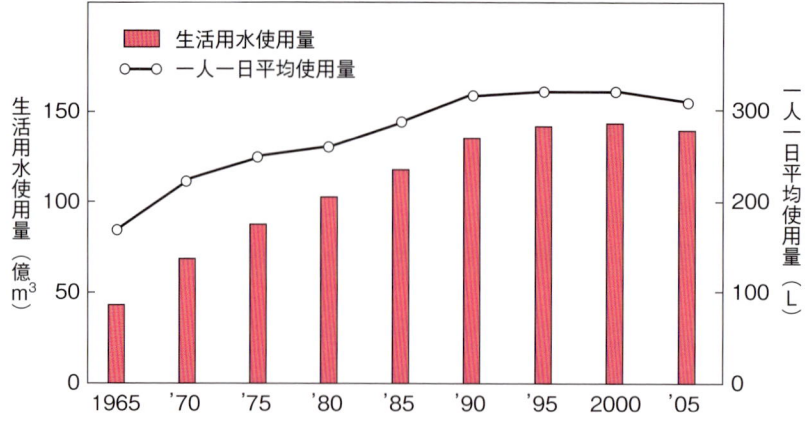

図 1.2　生活水利用量の変化
(『日本の水資源（平成 21 年版）』（国土交通省水資源部, 2009）を改変)

用水などが含まれます。

　2005 年度における一人 1 日当たりの平均生活用水使用量は 314 L／人・日で，40 年前に比べると約 2 倍量ですが，1990 年頃からはほぼ横ばい傾向にあります（図 1.2）。また，2003 年に東京都の家庭で一人が使った水の量（生活用水の中の家庭用水量）は，1 日当たり平均 242 L でした。家庭で水を使う割合としては，炊事に全体の 23％，風呂 24％，洗濯 24％，トイレ 21％という調査結果があります。

　家庭用水の使用量が一時期増加した理由の一つは，1 世帯当たりの人数が減り世帯数が増えたことにより，利用効率が減少したことであり，もう一つは洗濯機，風呂などが大型化し，一度にたくさんの水を使うようになったことによります。

　工業用水は製造業などの工場に供給される水で，化学工業，鉄鋼業，パルプ・紙・紙加工品製造業の 3 業種で全体の約 70％を占めています。たとえば，1 kg の紙をつくるのに 700 kg，1 トンの鉄鋼をつくるのに 280 トンの水が使われています。

　工業用水の使用量は 1965 年から 2000 年までの間に約 3 倍に増加しましたが，たとえば家庭で風呂の残り湯を洗濯に再利用するように，製造工程ごとに排水の水質を調べた上で，求められる水質レベルに応じた工程で再利用するという技術が進歩したため，新たに河川などから取水しなければならない水量は 1973 年をピークにむしろ減ってきています。再利用の割合，すなわち工業用水使用水量に対する回収水量の割合（回収率，再利用率）は，1965 年では全業種平均 36％であったのですが 2000 年には 79％まで上昇し，効率よく再利用されるようになってきています。

農業用水は，水使用量の約70％を占めており，稲作に必要な水田かんがい用水，野菜・果樹などの生育に必要な畑地かんがい用水，そして，牛，豚，鶏などの家畜飼育に必要な畜産用水などとして使われています。

これらに使われる水の量は莫大なもので，1kgの米を生産するには生産量の3600倍の3.6トンの水が必要であるといわれています。また，小麦は2トン，大豆は2.5トン，鶏肉は4.5トン，牛肉は20トン以上の水資源が必要であると算定されています。

1.3　水をきれいにする －浄水－

現在，私たちは，日本中どこへ行っても大抵の場所で水道の蛇口をひねればいつでも水を手に入れることができるのが当たり前になってきています。実際，日本国内の水道普及率は全国平均で97.2％(2005年3月末，厚生労働省調べ)に達しており，家庭用水と都市活動用水を合わせた生活用水のほとんどが水道を通じて供給されています。

水道水は，表流水(川や湖沼の水)か地下水(井戸水や湧水)を浄水処理することでつくられ，供給されています。浄水法にはろ過法があります(図1.3)。この方法は，まず，粘土など水に分散して水を濁らせている細かい粒子を凝集剤(硫酸ナトリウム，ポリ塩化アルミニウムなど)により沈殿させたのち，除去できなかった微粒子を池に敷き込んだ何層もの砂利層でろ過し，最後に塩素などの薬品により殺菌する方法です。現在，日本の水道水の約75％はこの方式でつくられています。

しかし，ろ過法では，濁りは除去できるのですが，水に溶けている異臭物質や有害物質などを除くことは困難です。それらを除くにはさらに高度浄水処理と呼ばれる方法が行われています。これは，ろ過法にオゾン処理(塩素の代わりに殺菌力，酸化力が強いオゾンを使う)，生物処理(有機物を微生物により分解する)，活性炭処理(有機物*を吸着除

* **有機物**
　有機化合物ともいい，炭素を含む化学物質の総称です。当初，生物がつくる化合物を有機物，鉱物など生物の関与なしでつくられる物質を無機物といっていました。しかし，炭素を含む化合物が人工的に化学合成されるようになり，生物由来，人工合成にかかわらず，すべてを有機化合物と呼ぶようになりました。ただし，一酸化炭素，二酸化炭素，あるいは炭酸カルシウム，青酸などは炭素化合物ですが，慣例として無機化合物の仲間に入れています。ここでいう有機物は微小な動物や植物，その死骸や部分分解物を指します。

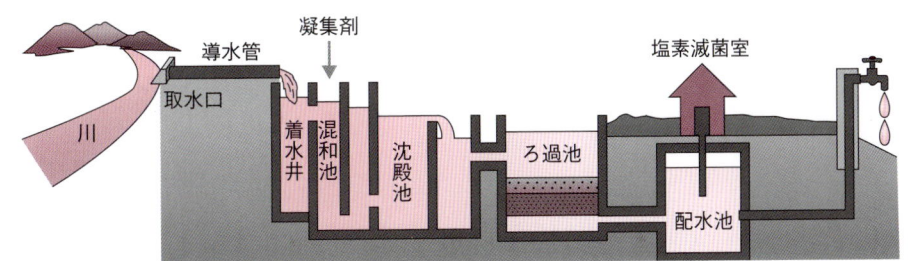

図1.3　浄水場のしくみ
(高崎市水道局ホームページ http://www.city.takasaki.gunma.jp/soshiki/s-jousui/dekiru/dekiru.htm をもとに作図)

* 塩

エンと読み，陰イオンと陽イオンの結合した化合物をいいます。食塩(塩化ナトリウム)，硫安(硫酸アンモニウム)，炭酸カルシウムなどはその仲間です。ここでは，海水中の塩化ナトリウムや塩化マグネシウムなどを指します。

去する)などを加えたものです。

水資源の乏しい離島などでは，海水を淡水化して生活用水として供給しています。淡水化法としては，水は通すが塩*は通さない膜を用いた逆浸透法が主に使われています(8.4節参照)。淡水化の技術は，塩分を高濃度に含む地下水の淡水化にも応用できるため，中東などの砂漠地帯での生活用水の供給にも使われています。

1.4 水の自浄作用

河川や湖沼に，落ち葉などの生物の遺体や家庭排水などの有機物が流れ込んでも，微生物がそれを分解して二酸化炭素などに変えます。このとき微生物は酸素を消費しますが，水中の藻類，植物性プランクトン，水草などが光合成を行って，二酸化炭素を消費し酸素を出して水中の酸素量を回復させます。

一方，増えた微生物はゾウリムシなどの原生動物の餌になり，原生動物はミジンコなどの，ミジンコなどは魚類の餌になります(図1.4)。このようにして，川の汚れは生物の食物連鎖によって処理され，水はきれいになります。このような働きを**水の自浄作用**といいます。この自浄作用は，水中に酸素がないと行われません。また，ある程度以上に汚れたり，生物の生存に有害な物質が存在すれば，その自浄作用が働かなくなります。

最近，私たちの生活様式の変化や産業の発達により，有機物や有害物

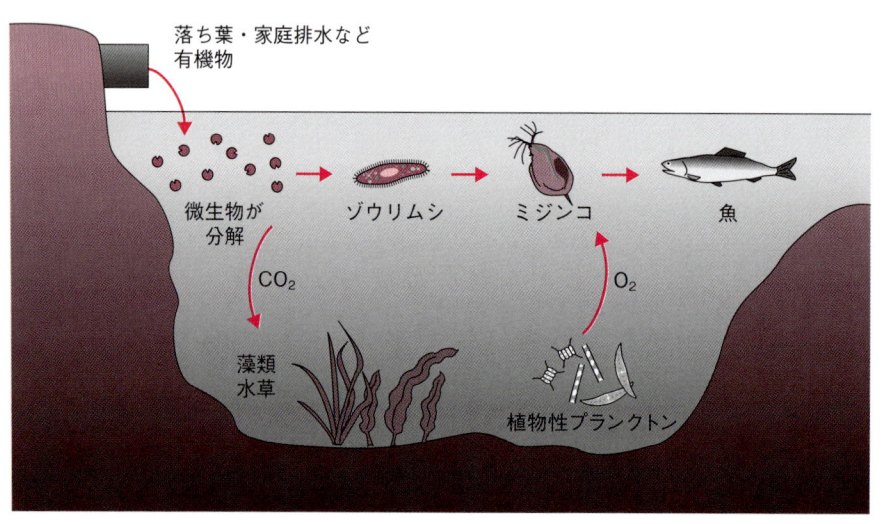

図1.4　食物連鎖と自浄作用

質が河川，湖沼，海洋などに大量に排出され，自浄作用の能力を超え，水質の汚染が著しく加速されて，私たち人間だけでなく生物全体の生存を脅かすものとして大きな問題になっています。水質を汚染させる原因としては，生活排水，工業排水，農薬や化学肥料，産業廃棄物から出る汚染物質などがあります。

1.5 生活排水と水質汚染

水質を汚染させる原因のうち，生活排水がその原因の半分以上を占めています。生活排水とは，台所から出る食べ残し・飲み残しや廃油など，し尿，風呂，洗濯などから出る排水です（**表1.2**）。

台所から出る排水で汚れてしまった水を，魚が生きていける水に戻すために希釈するとしたら，非常に大量の水が必要となります。たとえば，天ぷら油200 mLを流したとすると，約100トン（300 Lのバスタブ200杯分）の水が必要になります（**図1.5**）。味噌汁おわん1杯（180 mL）と思ってもバスタブ4.7杯分，飲み残しのビールコップ1杯（180 mL）でバスタブ10杯分，米のとぎ汁500 mLでバスタブ4杯分必要なのです。つまり，私たちはそれだけ汚れた水を排出しているということです。

台所排水に含まれる有機物や塩類が河川や湖水の自浄作用を超えて入ってくると（富栄養化），水面付近では光合成を行う特定の植物性プランクトン*が爆発的に増殖することがあります。たとえば，異常発生した植物性プランクトンにより水の色が赤色，赤褐色，茶褐色などに変化したり（赤潮），藻類が水面を覆うように増殖して青緑色の粉をまいたようになります（アオコ・青粉）。植物性プランクトンが水面を覆って光を遮ると，水中に生えていた水草などは光合成できずに死滅します。水草は魚類の産卵や稚魚の成育場所として必須です。また，大量の植物性プランクトンが夜間には酸素を消費して水中の酸素濃度を低下させるので，酸素欠乏により魚類など水中動物が死滅します。これがさらに進行すると，酸素を必要としない嫌気性微生物による有機物の腐敗や発酵により，メタンガスや有毒な硫化水素などが発生し，死の川や湖になってしまうのです。

* **プランクトン**

運動能力が全くないか，非常に弱く水中を漂って生活している生物の総称。動物性プランクトンには，クラゲ，オキアミなどの小型の甲殻類，魚類の幼生などがあり，植物性プランクトンには，藍藻，珪藻などをはじめ非常に多くの種類があります。海洋の植物性プランクトンは地球上の植物が生産する酸素の約半分を生産しています。

表1.2 生活排水による水質汚染

排出源		BOD負荷量* (g/人・日)
し尿	トイレ	13
生活雑排水	台所	17
	風呂	9
	洗濯・その他	4
計		43

* 負荷量：一人1日当たり排出しているBOD量
（通常，水に溶けている酸素量は約10 mg/Lであるから，BOD 43 gの汚れを微生物が分解するには4300 L分の水に溶けている酸素を使うことを示している）
（『生活排水読本』（環境省水環境部）より）

図1.5 汚れてしまった水を戻すためには
(『生活排水読本』(環境省水環境部)をもとに作図)

現在，都市部においては，家庭の台所，風呂，水洗便所からの汚水は下水管を経て下水処理場に集められ，処理されて安全な水に再生されて海や川に流されています。下水処理場では，まず，下水中の汚濁物を沈殿させたり浮上させたりして物理的に処理し，最後に，微生物を利用して生物的に有機物や窒素，リンなどを除去します。

1.6 水質検査 － BOD と COD －

水質汚染の程度を表すのに BOD や COD という値がよく使われます。いずれも水の中に含まれる有機物の量を示す指標です。一般に，BOD は河川の汚れ，COD は湖沼と海の汚れの指標として使われています*。

BOD (biochemical oxygen demand：生物化学的酸素要求量) は，試料水中の有機物を微生物により分解させたとき，消費された酸素量を測定し，通常 mg/L で表します。存在した有機物量が多いほど消費される酸素量が多く，汚染が進んでいるほど数字は大きくなります。しかし，洗剤や毒性の強い有機物が含まれていると微生物が死んでしまうため BOD 値が低くなります。また，微生物が分解できない有機物は BOD として表すことができません。これらのことから，BOD の値が低いからといって，必ずしも水質がよいとはいえないことがあります。

一方，COD (chemical oxygen demand：化学的酸素要求量) は，過マンガン酸カリウムのような酸化剤を使って水中に含まれる物質を化学的に酸化したとき，消費される酸素量です。この場合も，数字が大きいほ

* 日本の河川・湖沼の水質状況

環境省では毎年，河川や湖沼の水質ベスト5とワースト5を発表しています。2004～2008年度の5年間のデータによれば，ベスト5の河川の多くは北海道の河川であり，そのほかの地域では青森と日本海側の河川で，BOD値は0.5あるいはそれ以下，また，ワースト5では関東と関西の河川が多く，BOD値は9～18でした。毎年ベスト5にランクされる湖沼は支笏湖，猪苗代湖などで，BOD値0.5～2.1，ワースト5は佐鳴湖(静岡県)，伊豆沼(宮城県)などでBOD値8.4～11でした。通常の水の酸素の溶解量は10 mg/L程度ですので，ワースト5の場所では含まれている有機物を微生物が分解するための酸素が足りなくなることを示しています。

ど汚染が進んでいることを意味しています。

1.7 水資源枯渇の危機

　最近，旱魃（かんばつ）や異常渇水のニュースがよく聞かれます。ことに，アフリカのサハラ砂漠南周辺部や東アフリカでは，水不足と農地の砂漠化による食糧不足により多くの餓死者が出ています。日本でも，1956年以降の20年間には10年に1回しか発生しなかった規模の渇水が，最近の20年間では4年に1回発生しているといいます。これらの水不足の大きな原因には，地球温暖化に伴う気候変動による降水量の減少などの自然現象もありますが，私たちの水消費量の急増も大きな理由です。

　水は再生可能な資源ですが，その全量は有限であり，しかも豊富な地域と欠乏している地域の差が激しい資源でもあります（図1.6）。有限ですから，人口が増加したり，一人当たりの消費量が増加すれば足りなくなるのは当然です。

　地球上の利用可能な水の量はわずかですが，それでも，一人が1日1トンの水で生活すれば250億人が生きられるといわれています。実際には，生活用水，工業用水，農業用水を合わせた一人の1日当たりの使用量は，日本では3トン，アメリカでは6トンに達しています。これに対して，アフリカでは0.1トン以下の水で生活している人々もいます。

　アフリカ諸国をはじめ，中近東，東南アジアなどにおける人口の急激な増加により，世界人口は1960年には約30億人でしたが，現在は66億人を超えています。そのため，世界の年間水使用量は過去50年で3倍以上（一人当たりの水使用量は1.5倍）に増えています。その結果，世界人口の約40％の人びとが日々の水の確保に悩んでいるといいます（図1.7）。

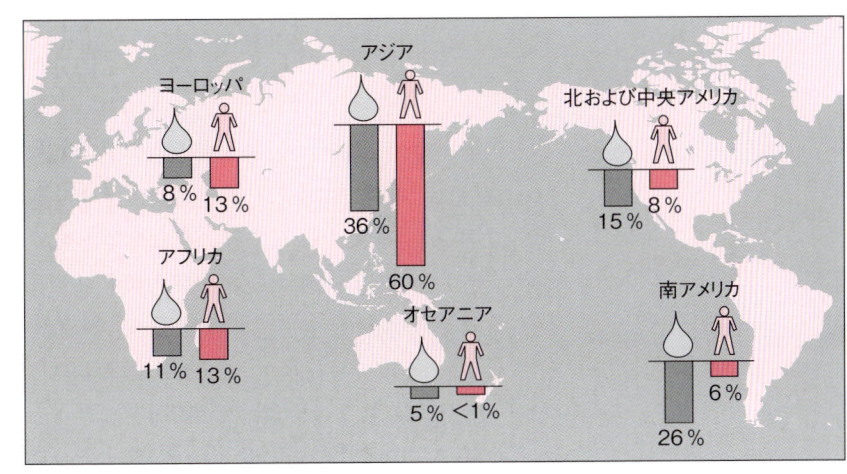

図1.6　世界の地域別水資源量と人口の比較
（『日本の水資源（平成16年版）』＊（国土交通省水資源部，2004）より）
＊世界アセスメント計画「World Water Development Report」のデータをもとに国土交通省水資源部作成）

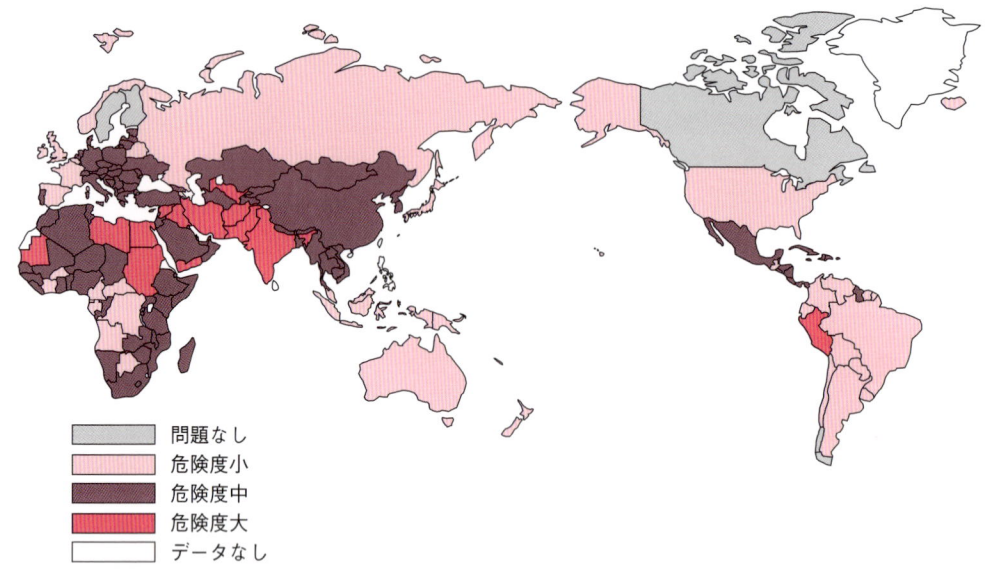

図 1.7 世界の水不足危険度
使用可能な水資源に対する現在の使用量，水供給の信頼性および国家収入の関係などを考慮した各国の水不足に対する危険度を表したもの。(Stockholm Environment Institute, Comprehensive Assessment of the Fresh-water Resources of the World, 1997)

　先進国での経済拡大化，途上国での人口増加と都市化，工業化などにより大量の水が河川や地下からくみ上げられています。そのため，至る所で地下水位が低下してきています。雨や雪解けの水が自然に地下水となる量よりも，くみ上げる量が多くなったことが原因です。

　一方，中国や東南アジア，中南米などの発展途上国で，かつての先進国が体験した以上の大変な水質汚染に苦しんでいます。たとえ水があっても利用できない状況にあり，この傾向はこれらの国々の経済発展に伴ってますます強まっているとのことです。

1.8 「緑のダム」の効果

　水の使用量の増加に加えて，水資源危機に拍車をかけているのは，森林や水田などの減少による貯水量の減少です。森林や水田は，雨水を一時的に保存してくれており，**緑のダム**と呼ばれています。

　手入れの行き届いた森林には，落ち葉や枯れ枝などの下に腐植＊を大量に含む土壌があります。この層はたっぷりと雨水を蓄えます。降った雨水の 20 〜 30 ％は地表近くを流れ，数時間から数日かけて川に流れ込みますが，30 〜 40 ％は樹木の葉や枝，落ち葉などから蒸発したり，いったん地中にしみ込んで再び地面から蒸発したりすることにより空中に

＊腐植
　落ち葉や枯れ枝や動物の死骸などが，より小さな動物や微生物によって分解された分解物。

戻っていきます。残りの30〜40％は地面に深くしみていき，数ヶ月から数年かけてろ過され，きれいな湧き水や地下水となります。緑の山に湧き水が絶えないのは，こうした水があるからです。日本にある，およそ2600のダムの総貯水量は202億トンですが，日本の森林2500万ヘクタールの総貯水量は1894億トンと試算されており，森林の保水量は人工的に造られたダムの保水量よりもはるかに高いといわれています。

しかし，樹木をはじめ植物が十分生育していない禿山では，地下にしみ込む水はわずか10％ほどであり，90％は地表の土砂を削りながら短時間で流れてしまいます。

現在，森林は地球の陸地の約30％を占めていますが，1990年から2000年までの10年間に，全世界で，毎年わが国のおよそ4分の1に相当する面積(中国・四国・九州地方の総面積に匹敵)の森林が失われているとのことです。森林の減少が世界の水の保全に大きな影響を及ぼしています。

「20世紀の戦争は主に石油が原因だったが，21世紀の政治的，社会的戦いは水をめぐるものになるだろう」といわれています。貴重な水資源を守るためにできることを，私たち一人ひとりが考え，実行する必要があるのではないでしょうか。

地球は水の惑星

およそ46億年前のこと，銀河系の片隅に太陽系が誕生しました。その中の一つの惑星・地球は，はじめ熱いマグマの海に覆われていました。地表の温度が300℃くらいまで下がった頃，大気中にあった水蒸気が豪雨となって地表にたたきつけられ，海がつくられました。およそ38億年前，この海の中で生命が誕生しました。

太陽系の中で地球以外には生命の存在が確認されていません。それは，地球と太陽との距離，そして地球の大きさが水を保つのに適しており，地球だけに水があるからです。

たとえば，地球よりわずかに太陽に近い金星では，地表温度は200℃以上で水はすべて蒸発しました。さらに，惑星の大きさが小さいので引力が弱く，水蒸気をつなぎ止めておくことができないで，すべて金星の外に出てしまったと考えられています。

一方，地球のすぐ外側の火星は，わずかに太陽からの距離が遠いので水蒸気はすぐに冷え，すべて凍ってしまいました。地表温度は現在も−30℃以下です。2008年7月，アメリカの火星探索機は，火星の土壌を採取し加熱して水蒸気の放出を観察し，火星に水が存在することを確認しました。現在の火星では，水は岩石の下に氷の状態で閉じ込められていると考えられます。探索機は生命体の存在を確認していませんが，今後発見される可能性は極めて高いと期待されています。

おいしい水とは…

　夏の暑い日，スポーツで汗を流した後の一杯の水は大変おいしいと感じますが，一般にどんな水をおいしいと感じるのでしょう。味というのは人による感じ方の違いがあるので，水のおいしさを定義するのは難しいのですが，厚生労働省では，多くの専門家の意見を参考に「おいしい水の要件」を数値化しています。

　それによると，おいしくする成分として，蒸発残留物，硬度，遊離炭酸などがあげられています。蒸発残留物とはミネラルのことで，その含有量が適量だとまろやかな味となりますが，量が多いと苦み，渋みが増します。水の硬さを示す硬度は，ミネラルの中で量的に多いカルシウム，マグネシウムの含有量を示しますが，硬度の低い水はくせがなく，高いと好き嫌いがでるようになります。遊離炭酸は水の中の二酸化炭素で，さわやかな味を与えますが，多いと刺激が強くなります。水温は20℃以下がおいしいとされています。

　一方，味をまずくする成分としては，有機物，臭気物質，鉄分などの金属類，消毒に使う塩素などがあり，それぞれ最大許容量が決められています。全国の水道水はどこの水道水も，水温を除けばおいしい水の条件に入ります。

第 2 章

大気 —きれいな空気を求めて—

「空気のような存在」という言葉があるように，空気はその存在を忘れてしまうほどあって当たり前なものですが，水とともに私たちにとってなくてはならないものです。空気とはふつう，地球の上空約 80 km までの大気を指しており（**図 2.1**），その主な成分は，窒素（78.1％），酸素（20.9％），アルゴン（0.9％）で，この 3 つの気体で 99.9％を占めています。このほか，二酸化炭素，水蒸気などが含まれますが，これらの濃度は変動しています。私たちの暮らしと産業の発達とともに，大気環境も変化しつつあります。

2.1 歴史とともに変化してきた大気

火の玉であった地球が徐々に冷え，陸地ができ始めた頃の大気の組成は，水蒸気，二酸化炭素（CO_2）が多く，次いで窒素（N_2），さらに微量のメタン（CH_4），アンモニア（NH_3），塩化水素（HCl）が含まれていたと考えられています。水蒸気を別にすれば，その頃の地球の大気は今の金星，火星，木星などの大気に似ていました（**表 2.1**）。

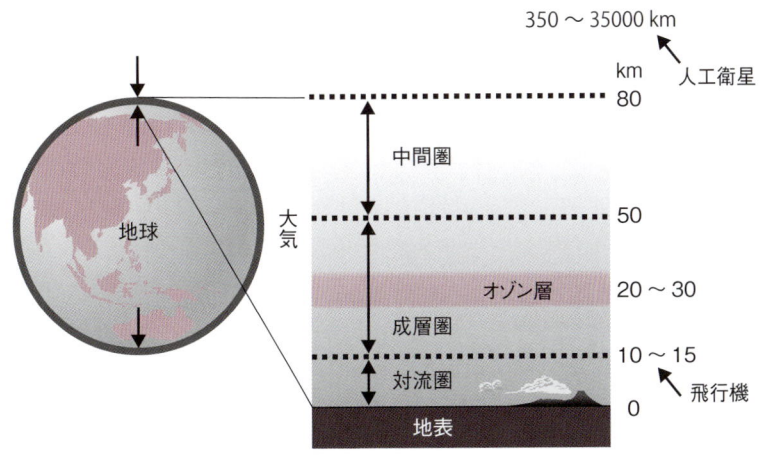

図 2.1 大気の構造

表 2.1 地球，金星，火星の大気組成の比較

地　　球		金　　星		火　　星	
窒素	78％	二酸化炭素	96％	二酸化炭素	95％
酸素	21	窒素	3.5	窒素	2.7
アルゴン	0.9	二酸化硫黄	0.02	アルゴン	1.6

ところが，現在の地球の大気には二酸化炭素はわずかしか含まれておらず，その一方，酸素ははるかに多く含まれています。二酸化炭素はどこへどのようにして排除され，酸素はどのように生成されたのでしょう。

原始地球の大気中の二酸化炭素は，海洋と生物によって除かれたと考えられています。二酸化炭素は水に溶けやすいので，生命が誕生する以前では，水蒸気に溶け込んで炭酸となり，それが雨として陸地に降りました。雨はさらに，陸地の岩石からカルシウムなどの一部を溶かし出しました。炭酸とカルシウムは河川から海へと流れ込み，炭酸カルシウムとして海底に沈殿しました。こうして気体だった二酸化炭素が海底で固体の岩石として生まれ変わったのです。中国の桂林や日本の秋吉台 (図 2.2) など石灰岩の地層は，岩石として閉じ込められた二酸化炭素によるものです。

約 38 億年前に地球上に生命が誕生し，その後さまざまな能力をもつ生物が進化してきました。約 27 億年前には，太陽光のエネルギーを用いて，大気中から取り込んだ二酸化炭素と水から糖質 (炭水化物，13.2 節参照) を合成する光合成を行う生物が現れました。そして，大気中の二酸化炭素は光合成を行う微生物や植物によっても消費されるようになりました。

光合成では二酸化炭素を使うとともに酸素を放出します。二酸化炭素を酸素に変換しているのです。光合成をする生物が現れたことにより，大量の酸素が生成されました。現在の大気中の酸素分子の多くは光合成由来であると考えられています。したがって，私たちは植物のおかげで生きていられるといっても過言ではありません。

図 2.2　秋吉台のカルスト地形
カルスト地形：石灰岩などの水に溶解しやすい岩石でできた大地が雨水や地下水などによって少しずつ溶け出されて，石灰岩が柱状や円錐状に残ったり，鍾乳洞ができる地形（美祢市総合観光部ホームページ http://www.karusuto.com/html/02-learn/ より）

2.2 無いと生きていけない酸素，実は有毒

酸素分子 (O_2) は反応性の高い分子で，さまざまな分子と反応し，これらを酸化します。私たちは，酸素分子を呼吸によって体内に取り込み，糖質や脂質を二酸化炭素に酸化して，生きていくためのエネルギーをつくっています (第14章参照)。

私たちのからだの中で酸素濃度に最も敏感なのは脳です。脳の重量は体重の約2% ですが，私たちが取り入れた酸素の 20～25% を消費しているといわれています。たとえば，満員電車や密閉度の高い場所で酸素濃度の低くなったときなど，頭痛を起こした経験があるでしょう。酸素濃度が 18% 以下で頭痛が起こり，15% になると神経を集中したり，細かい作業ができなくなり，それ以下になると脳細胞破壊へとつながるといいます。

一方，逆に多すぎても問題です。60% 以上の高濃度酸素を 12 時間以上吸引すると，失明，さらには死亡する恐れもあります。かつて，未熟児の呼吸不全を治療するために高濃度の酸素が投与され，多くの新生児が未熟児網膜症*にかかったことがありました。

酸素は，呼吸をする生物にとっては必須ですが，同時に有害でもあります。私たちが酸素を使ってエネルギーをつくる過程で，一部の酸素は活性酸素という非常に反応性の強い分子に変化します (**図 2.3**)。

活性酸素はいくつかの分子やイオンの総称ですが，その代表はスーパーオキシドイオン (O_2^-) です。これは，酸素分子にもう1個電子が加わったものです。この電子を追い出すか，あるいは，よそからもう1個の電子を奪って安定になろうとするので，非常に反応性の高いイオンです。

活性酸素は，DNA 鎖 (図 13.7 参照) を切断したり，塩基を化学変化

* **未熟児網膜症**
胎児の網膜の血管がまだ十分発達する前に生まれたとき (受精後 36 週以前，体重 1800g 以下。通常は 40 週，約 2500g)，保育器などで高い濃度の酸素が与えられると，もろく壊れやすい異常な血管が枝分かれして伸びて，出血したり網膜剥離を起こしたりするため，重症の場合は失明します。しかし，酸素投与だけが未熟児網膜症の原因ではないとのことです。

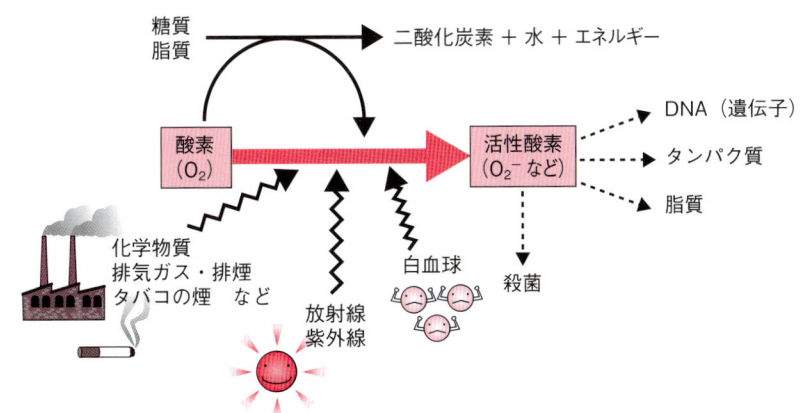

図 2.3 活性酸素の生成と作用
活性酸素は細胞呼吸に伴ってつくられる以外に，放射線や化学物質などによっても生成する。白血球は殺菌の目的で生成する。

させて遺伝子に突然変異を与えたりします。また，タンパク質に作用して働きを低下させたり，脂質に損傷を与えて生体膜（図13.6参照）をもろくしたりして細胞の機能を低下させます。

2.3 オゾン層破壊とフロン

コピー機や大きなモーターをもつ工作機械などが運転されているとき，生臭い特徴的な刺激臭を感じることがあります。これはオゾン(O_3)が発生しているからです。

オゾンは酸素からつくられますが，酸素より強力な酸化作用があり，殺菌，ウイルスの不活化，脱色，脱臭などに用いられています。すでに述べたように，水道水の殺菌に塩素の代わりにオゾンが用いられることもあります。

大気の上層部，成層圏のうちの地上から20〜30 kmの高さに，オゾン濃度の高い層，オゾン層があります（図2.1）。近年，このオゾン層の破壊が社会的に問題になっています。オゾン全量は1980年代から1990年代前半にかけて大きく減少しており，現在もオゾン全量は少ない状態が続いています。とくに，南極の上空ではオゾン濃度が極端に減少した

活性酸素と寿命 ―生きることは老化すること―

私たちが生きていく限り酸素は必須ですが，同時に酸素を使う限り活性酸素の発生を避けることができません。一方，私たちが老化する主な原因は，活性酸素により全身の細胞の働きが低下することです。つまり，私たちは生きている限り老化は避けられないということです。

ただ，次々と襲いくる活性酸素の攻撃に対して，細胞が何もしていないわけではありません。私たちの細胞内では，スーパーオキシドディスムターゼ(SOD)という酵素が，発生したスーパーオキシドイオン(活性酸素の一つ)を分解し，酸素と過酸化水素に変えています。過酸化水素も活性酸素の仲間ですが，カタラーゼという酵素がすぐに酸素と水分子に変えるので，結果として無害になります。

動物種間で，酸素の消費量に対するこの酵素の活性の強さと寿命との間に相関があるといわれています。体重当たり，酸素を多く消費する動物ほど寿命が短いのですが，SODが活性酸素を分解することによってそれを引き延ばしているというのです。たとえば，ヒトは霊長類の中ではゴリラやチンパンジーに比べて長寿ですが，これはヒトではSODの活性が群を抜いて高いことが理由の一つとされています。

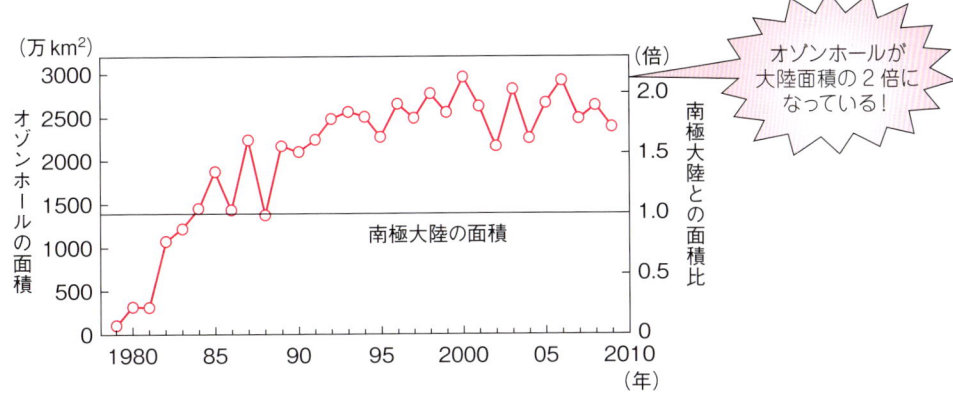

図 2.4　南極上空におけるオゾンホールの大きさの変化
(気象庁ホームページ http://www.data.kishou.go.jp/obs-env/ozonehp/diag_o3hole.html より)

部分 (オゾンホール) があることがわかってきました (図 2.4)。

オゾンには紫外線を吸収する性質があり，太陽からの有害な紫外線の多くを吸収し，地上の生物を保護する役割を果たしています。そのため，オゾン層が薄くなると，有害な紫外線が地表に到達し，生体物質，とくに DNA に損傷を与え，皮膚の炎症や皮膚がん，結膜炎などを引き起こしたり，白内障が増加する原因となります。

オゾンを破壊している元凶はフロン類*です。フロン類は 1930 年代につくり出された化学合成物質で，「夢の化合物」としてエアコンの冷媒，スプレーの噴霧剤，精密電子部品の洗浄剤などさまざまな分野で大量に使用されてきました。

ところが，使用済みのフロンの一部が空気中に放出され，それがオゾン層に達してオゾンを破壊します。安定な物質であるフロンはほとんど分解されないまま成層圏に達し，太陽からの強い紫外線によって分解され，オゾンを分解する働きをもつ塩素原子を生成します (図 2.5)。塩素原子は，たった 1 つでオゾン分子約 10 万個を連鎖的に分解していきます。

フロンは 1980 年代より製造，使用が禁止されましたが，空気より重

* **フロン類**
　炭素に塩素，フッ素，臭素，水素などを含む小さな化合物で，塩素，フッ素などの組み合わせの違いにより多種類の化合物が存在します。一般に，沸点が低く，化学的に反応性が低く安定なため，さまざまな用途に使用されました。

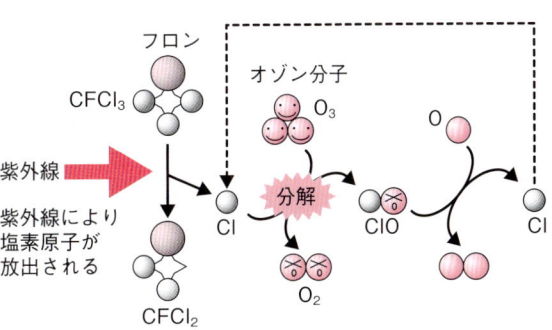

図 2.5　フロンによるオゾンの分解
代表的なフロンの一つ，$CFCl_3$ によるオゾンの分解の過程。

18　第 2 章　大気

> **＊地球温暖化防止京都会議**
> 　1997 年 12 月に京都で開催された第 3 回気候変動枠組条約締約国会議 (COP3) で，単に京都会議と呼ばれることもあります。地球温暖化防止に向けて温室効果ガスの排出に対する規制を国際的な合意のもとに行うためにもたれた会議です。この会議において，二酸化炭素に加えて，代替フロンであるハイドロフルオロカーボン類なども排出量削減の対象になりました。

いフロンが対流によって成層圏に達するのは数年から数十年程度かかるといわれており，使用されていない現在もオゾン層は破壊され続けています。

　これらに代わる物質として，冷媒には代替フロン，二酸化炭素，アンモニア，プロパンなど，洗浄剤には水，アルコール，炭化水素など，スプレーなどの噴射ガスには液化天然ガス，二酸化炭素，窒素などが使用されています。この中で，代替フロンにはオゾン層破壊能はほとんどないのですが，2.5 節に述べる温室効果作用が二酸化炭素の数百〜 1 万倍で，この点が問題となり，使用を抑えていくことが地球温暖化防止京都会議＊で提案されています。

2.4　光化学スモッグの主役はオゾン

　夏，日射が強く気温が高く風が弱いとき，空が霞んで白いモヤがかかったような状態になることがあります。このモヤのことを**光化学スモッグ**といい，これが発生すると，多くの人びとが目や喉の痛み，咳，めまい，頭痛，さらに呼吸困難などの症状を訴え，健康被害を受けることになります。

　工場や自動車などから大気中に排出された窒素酸化物 (NOx，後述) や，ガソリンなどに含まれる炭化水素＊などが，太陽の強い紫外線を受けて化学反応 (光化学反応＊) を起こすと，オゾン，アルデヒド，二酸化窒素などが生成されます。これらのうち，二酸化窒素を除く物質を**光化学オキシダント**といいます。生成された光化学オキシダントが大気中で拡散されずに (薄まらずに) 留まり，濃度が高くなって白いモヤがかかったようになったものが光化学スモッグです (図 2.6)。

> **＊炭化水素**
> 　炭素と水素のみからできている有機化合物。ガソリンには主に炭素数 4 〜 12 個の化合物が含まれています。
>
> **＊光化学反応**
> 　紫外線や可視光線などの光のエネルギーを利用して起こる化学反応。光学写真もこの反応を利用しています。

　オゾン層が有害な紫外線から私たちを守っていることや，自然が豊かな海岸や高原でオゾンが多いことから，「オゾンは体によい」と思われることがありますが，オゾンが殺菌・消毒に用いられることからもわかるように，動物だけでなく，植物を含む生物にとって有害な物質です。

　光化学オキシダントの発生は，日本では 1970 年代をピークに減少傾向にありますが，原因物質の排出が多い関東などの大都市周辺や，中国からの大気汚染の流入などの影響を受ける地域などでは増加しています。光化学オキシダントの環境基準値の 2 倍を超えると注意報が，4 倍を超えると警報が発令されます。2007 年 1 年間の注意報や警報の発生日数は，25 都府県で計 177 日もありました。

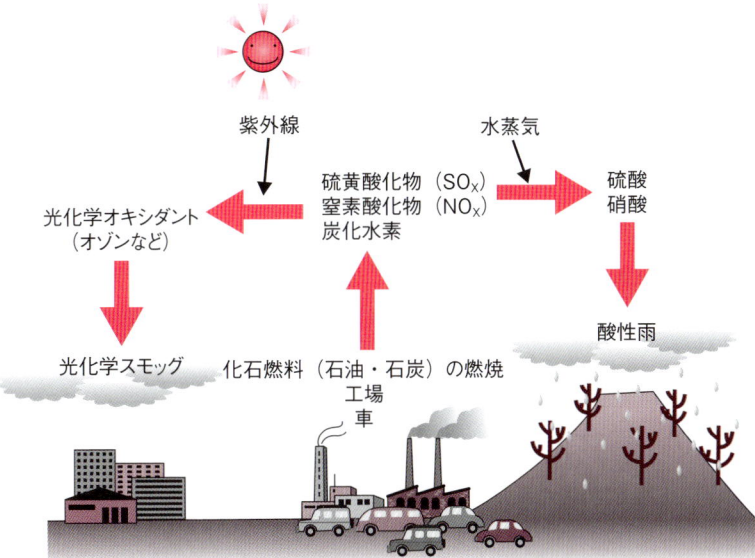

図 2.6 化石燃料の燃焼による光化学スモッグと酸性雨の生成

2.5 二酸化炭素と地球温暖化

　地表の温度は，太陽から受けたエネルギーと，そのエネルギーが地表で反射されて宇宙に放出される量との差で決められます。太陽から地球に向かうエネルギーの約 30％は雲などにより反射され，約 70％が地表面に到達します。地表ではそのエネルギーが赤外線として放射されます。そのうちの一部が温室効果ガスに吸収され，残りが宇宙に放出されます。赤外線を吸収した温室効果ガスは赤外線を再放射しますが，そのうち地球に向かって放射されたものが地表を温めることになります（図 2.7）。

　大気中に温室効果ガスがなく，太陽からのエネルギーがそのまま赤外線となって宇宙に放射されるとすると，地表の温度はおよそ−18℃になると計算されています。実際の地表の平均温度は，温室効果ガスのおかげでおよそ 15℃程度に保たれています。

　温室効果ガスは赤外線を吸収し，再放射できる気体ですが，大気中に存在するそのような性質をもつガスには，水蒸気，二酸化炭素，メタン，フロンなどがあります。このうち地表温度を温めるのに最も寄与しているのは，最も大量に存在する水蒸気であり，次いで二酸化炭素です。二酸化炭素の 1 分子当たりの温室効果作用は，メタン（二酸化炭素の 200 倍）やフロン（4500 倍）に比べ小さいのですが，排出量がこれらに比べて大量であることから＊，温室効果の割合は，水蒸気を除くと二酸化炭素の寄与が 60％にのぼります。

　16 万年前から現在に至るまでの，大気中の二酸化炭素濃度（南極の氷の中に閉じ込められた気泡の分析）と気温（樹木の年輪などから推定）

＊ **二酸化炭素の排出源**
　2008 年度の統計（『図で見る環境白書（平成 22 年版）』（環境省，2010））によれば，工場など産業からの排出が最も多く 34％，次いで自動車・船舶 19％，商業・サービス・事務所 19％，家庭 14％，その他 14％でした。工場や自動車からの排出は徐々に減少していますが，事務所や家庭からは増加の傾向にあります。電力を使用しても直接には二酸化炭素を排出しませんが，発電のために大量に排出しています。数字は電力消費量から排出量を換算しています。

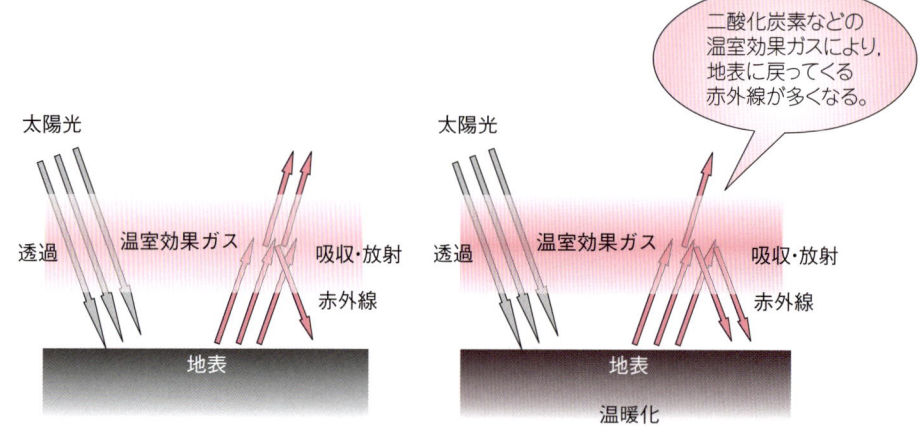

図 2.7　温室効果ガスと地球温暖化
温室効果ガスの濃度が高くなると，大気に放出される赤外線量（熱量）が少なくなり，地表に戻ってくる熱量が多くなって地表の温度が上昇する。

との相関が調べられ，気温の推移が二酸化炭素濃度の変動と非常に対応していることがわかりました。

また，最近の1000年間について調べると，18世紀末までは二酸化炭素濃度，地球の平均気温ともにほとんど変動はありませんが，この200年間で二酸化炭素濃度は約30％上昇し，平均気温は約0.6℃上昇しました。気象庁によると，日本では年平均気温がこの100年間で約1.0℃上昇しましたが，このままでは，今後100年間では南日本で4℃，北日本で5℃上昇すると予測されています。

2.6　地球温暖化がもたらす影響

地球温暖化は，私たち人間をはじめ多くの動植物の生存に大きな影響を与えることが危惧されています。

気候変動に関する政府間パネル*第3次評価報告書によると，現在，マラリアは世界人口の40〜50％に影響を及ぼしていますが，気候変動によりその伝染可能な地域が拡大すると予測されています。かつて温帯だった地域でも，マラリアを媒介する力が発生するようになるのです。たとえば，西日本は亜熱帯気候に変わると考えられており，2100年までにこの地域一帯がマラリアの流行危険地帯になるおそれがあるとのことです。

動植物はそれぞれに合った気候帯に生息していますが，温暖化が進行すると北または高地へ移動する必要が生じます。たとえば日本では，落

* **気候変動に関する政府間パネル**
地球温暖化についての科学的研究を収集，整理し，技術的対策や政策の実現性，その効果，それらが無い場合の被害の予想などを行う，国際的な専門家でつくる政府間機関です。数年おきに発行される「評価報告書」は世界中の数千人の専門家の研究成果をまとめた報告書で，各国の政策に強い影響を与えています。第三次報告書は2001年に発表されたものです。

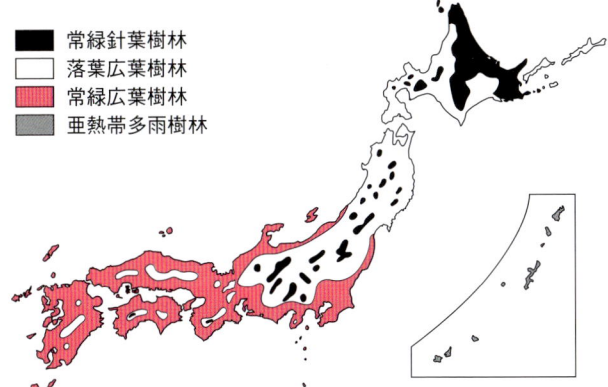

図 2.8　日本の森林分布
温暖化が進行すると，常緑広葉樹林と落葉広葉樹林の境界が現在の位置から東北地方北部に移動するといわれている。(只木良也：『森の文化史』(講談社，1981) をもとに作図)

葉広葉樹林*と常緑広葉樹林の境界は，現在関東 – 中部 – 北陸ですが (図2.8)，次の 100 年で東北地方の北部へと移動すると予測されています。

　種子が風や鳥などにより運ばれることによって樹木が生育地を移動していく速度が，温暖化によって気候帯が北方に移動する速度に追いつけなくなると，枯れたり，生育できなくなる樹木が出てくることになります。とくに，現在絶滅の危機にさらされている野生生物のほとんどは絶滅してしまうと予想されます。

* **広葉樹**
　マツやスギのように細長い葉をもつ針葉樹に対して，広く平たい葉をもつ樹木をいいます。その中で，ブナ，サクラ，カエデなどのように冬になると葉が落ちる樹木を落葉広葉樹，シイやカシなど一年中葉が落ちない樹木を常緑広葉樹といいます。

2.7　ノックス (NOx)・ソックス (SOx) と酸性雨

　地表から水蒸気として大気中に移動した水が，上空で冷やされ雨として地表に戻ってくる過程で，大気中に存在する二酸化炭素が雨に溶け込みます。水に溶けた二酸化炭素は炭酸 (H_2CO_3) として存在するので，水は弱酸性を示します。大気中の二酸化炭素が飽和状態に溶け込んだ場合の酸性度が pH 5.6 であるため，**酸性雨**の目安は pH 5.6 以下とされています。

　しかし，北欧や北米をはじめとし，日本を含む世界各地で pH 5.0 以下の酸性の雨が降り，さまざまな被害を与えていることが問題となっています (図 2.9)。

　酸性雨は，19 世紀後半，ロンドンで産業革命以後，石炭の消費量が増えるに伴って大規模なスモッグとともに降り始め，人間をはじめ生物

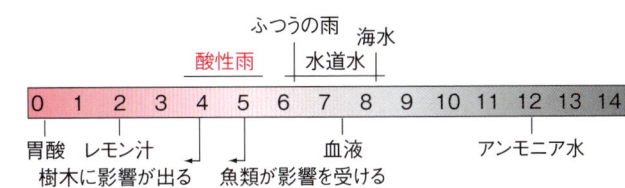

図 2.9　酸性雨の酸性度

全体に対し多くの被害をもたらしました。日本では明治中頃，銅の量産体制が始まった足尾銅山からの排ガスが最初の酸性雨をもたらしました。足尾銅山の鉱害は，日本における公害の原点といわれていますが，製錬所から出る排煙が，雨と一緒になって酸性雨として地上に降り注ぎ，土壌や地下水を汚染し，また樹木を枯損させる原因となったといわれています。

酸性雨の原因となる物質は，NO や NO_2，SO や SO_2 などの，窒素や硫黄を含む酸化物です。これらの物質は，火山ガスなど自然に発生する場合もありますが，現在主な発生源になっているのは工場や自動車の排ガスです。石油や石炭などの化石燃料は生物に由来するので，炭素，酸素，水素のほかに窒素や硫黄を含んでいます。そこで，化石燃料を燃やすと，酸化されて窒素や硫黄を含む多種類の酸化物が生成されます。このようなものをまとめて，**窒素酸化物 NOx (ノックス)** や **硫黄酸化物 SOx (ソックス)** といいます。これらの窒素酸化物や硫黄酸化物は，大気中で水と反応することによって硝酸や硫酸などの強酸に変化し，雨を酸性化するのです (図 2.6)。

工業の規模が巨大化し，自動車の数が増え，大気汚染物質が増えるに従って，限られた地域だけでなく，被害は全世界に広がっています。現在は，大気汚染防止法*などにより工場からの排ガスが規制されているため，その寄与は徐々に減少してきましたが，酸性雨が未だに減少しないのは自動車の排気ガスのためだといわれます。また，酸性雨は，原因物質の発生源から 500〜1000km も離れた地域にも及ぶことがあり，国境を越えた広域的な現象であることに一つの特徴があります。

＊**大気汚染防止法**
大気汚染に対して国民の健康を保護し，生活環境を守るために昭和 43 年に制定されました。この法では，工場や事業場から排出したり飛散したりする大気汚染物質について，物質の種類や施設の種類・規模ごとに排出基準が定められており，これらの物質の排出者はその基準を守らなければならないとされています。

ロンドンスモッグ事件

1952 年 12 月 5 日から 10 日にかけて，高気圧がイギリス上空を覆い，その結果冷たい霧がロンドンにたちこめました。あまりの寒さに，ロンドン市民は通常より多くの石炭を暖房に使いました。また当時，ロンドンでは地上交通を路面電車から軽油や重油を燃料とするディーゼルバスに変えたばかりでした。こうして，暖房器具，ディーゼルバス，さらに火力発電所から発生した二酸化硫黄 (亜硫酸ガス SO_2) が冷たい大気の層に閉じ込められ，濃縮されて pH2 に達する強酸性の硫酸の霧となり，ロンドン全体を包み込んだのです。その結果，人びとは目が痛み，喉や鼻を傷め咳が止まらなくなり，さらに，気管支炎，肺炎，心臓病などにおかされ，普段の冬より 4000 人も多くの人が死亡しました。その後の数週間でさらに 8000 人が死亡し，この霧による合計死者数は 12000 人を超え，ロンドンスモッグ事件と呼ばれる歴史に残る大惨事となったのです。

第3章

大地 —いのちと暮らしの基盤—

　地球は，外側から地殻，マントル，核という層状の構造をもっています。地殻は平均30 km，厚くても100 kmほどで，地球の半径から見れば2％にも足りません。まさに地球の殻のようなものです。地殻を構成している主な元素は，酸素，ケイ素であり，これら2つで約75％を占めています（表3.1）。酸素とケイ素は主に二酸化ケイ素SiO_2として，私たちの生活の基盤である大地に大量に存在します。大地は人の活動とどのように関わっているのでしょう。

3.1　岩石と鉱物と土

　私たちが生活している大地は，岩石や土からできています。岩石や土には多くの種類がありますが，これらの主な成分は鉱物です。鉱物は化学的にほぼ均質で，分子が整然と並んで結晶をつくっており，化学式で表すことができます。それに対して，岩石は化学的に均質なものではありません。

　たとえば，建物や墓石などに使われる花崗岩は岩石ですが，石英*，長石*，雲母*などの鉱物からなっています。花崗岩の中の透明な粒が石英，白い粒が長石，黒い粒が雲母で，花崗岩はこれらの鉱物が混ざったものです。

　ふつうの岩石に入っている鉱物の種類は数十種ほどです。このような鉱物を造岩鉱物といいます。造岩鉱物の多くは，ケイ酸塩と呼ばれる物質です。これは，ケイ素原子(Si)と酸素原子(O)が結合した二酸化ケイ素SiO_2がもとになり，その骨組みの中にアルミニウム(Al)，鉄(Fe)，マグネシウム(Mg)，カルシウム(Ca)，ナトリウム(Na)，カリウム(K)などの金属原子が規則正しく入り込んで，さまざまな鉱物がつくられています。

　岩石が壊れていくことを風化と呼びます。風化は温度の変化，乾湿の交代，結氷，風雨，さらに植物の成長などにより起こります。たとえば，固い岩石も昼夜の温度変化に

* 石英
　二酸化ケイ素が結晶してできた鉱物で，多くは六角柱状です。中でもとくに無色透明なものを水晶といいます。

* 長石
　地殻を構成する鉱物の中で最も存在量が多く，ほとんどの岩石に含まれています。アルミニウム，ケイ素，酸素のほかに，カリウム，ナトリウム，カルシウムが含まれている多種類の鉱物の総称です。

雲母は次頁へ

表3.1　地殻を構成する元素

元　素	質量組成 (％)
酸素	46.60
ケイ素	27.72
アルミニウム	8.13
鉄	5.00
カルシウム	3.63
ナトリウム	2.83
カリウム	2.59
マグネシウム	2.09
チタン	0.44
水素	0.14

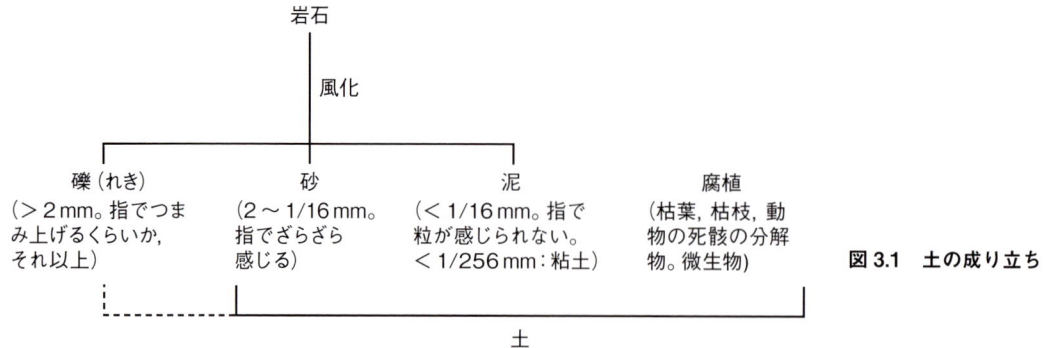

図 3.1　土の成り立ち

* **雲母(前頁)**
薄くはがれやすく光沢があり,「きらら」とも呼ばれています。ケイ素, 酸素にカリウムを多く含んでいます。

応じて, ほんのわずかですが膨張したり収縮したりします。これが原因で岩石にひび割れが入るとそこに水がしみ込み, 夜には凍って膨張し, ひび割れを押し広げます。このようなことが長い年月繰り返されると, 固い岩石も次第にひびだらけになり, やがて細かな岩の破片になります。

風化により壊された岩はその大きさによって礫(小石), 砂, 泥と呼ばれています。さらに細かくなったものが粘土です。砂や泥に腐植が混じったものを土(土壌)といいます(図 3.1)。

3.2　人類最初の化学の利用 －焼きもの－

人類最初の化学変化の利用は, 土を火で焼くと固くなる性質を利用してつくられた**焼きもの**だといわれています。人類が火を使い始めたとき, 火の下の土が固まるのを知って, 粘土などを水で練って器をつくり, それを草や木の枝で焼いたのが焼きもののはじめだろうと考えられています。

日本では, 縄の文様がついている土器が発見されたことにより, その時代が命名された縄文時代に初めて土器がつくられたといわれています。縄文時代は今から約 12000 年前から約 2500 年前の約 1 万年間ですが, それ以後, 焼きものをつくる技術や用途が歴史とともに変化し, 発達してきました。

現在, 主に原料や焼くときの温度(焼成温度)の違いから, 土器, 陶器, せっ器, 磁器の 4 種類に分類されています。それぞれの特徴や用途は表のとおりです(表 3.2)。

3.3　ガラスとセメント

大地に含まれているさまざまな鉱物や金属の中には, 私たちの生活の基盤となっているものが数多くあります。それらのうち, ここでは代表

表 3.2 焼きものの種類，特徴，用途

種類	主な原料	焼成温度（℃）	特徴	用途
土器	粘土	800〜900	素焼き	素焼き鉢, レンガ, 瓦など
陶器	粘土, 長石	1000〜1200	釉薬をかける。厚手で重く，たたいたとき鈍い音がする。	食器類, 装飾品など
せっ器	粘土, 長石	1200〜1300	原料に鉄を含んでいて赤褐色か黒褐色。たたいたとき澄んだ音がし，吸水性はほとんどない。	花器, 急須, 茶碗, 植木鉢, 土鍋など
磁器	粘土, 石英, 長石	>1300	釉薬をかけて焼成。ガラス化して半透明で吸水性はほとんどない。最も硬く，軽く弾くと金属音。	食器類, 理化学用品, 装飾品など

としてガラスとセメントについて説明します。また，金属に関しては第11章で詳しく述べます。

　窓ガラスやビンなどに用いられるふつうのガラス（ソーダガラス）は，ケイ砂（石英・二酸化ケイ素），石灰石，ソーダ灰（炭酸ナトリウム）の混合物を高温で溶かした後，急冷してつくります。高温にすることにより液体になったものがそのまま固まった状態で，原子の規則性がなくなり，全体が均一なのでふつう透明になります。

　ガラスは，常温では硬くて変形しにくい固体ですが，高温では軟らかくなり，自由に成形できる状態になること，薬品におかされにくいこと，可視光に対して透明であることなど，ほかの素材にはない優れた特徴をもっています。

　一方，衝撃に対してもろく，割れやすいという欠点があります。衝撃を柔軟に吸収できず，大きな力が局所的にかかることによります。また，熱膨張率が大きいのに熱伝導性が悪いので温度変化に弱く，冷たいコップに熱湯を入れると，熱された部分だけが膨張して全体としてひずみができ，ひびが入ったり割れたりします。

　これらの欠点を改良し，また新しい性質を加えたさまざまなガラスがつくられています。石英ガラスは，石英のみからつくられるガラスで，透明性，化学薬品に対する耐食性に優れ，熱膨張率も非常に小さいので耐熱性もあります。シリカガラスとも呼ばれており，理化学機器や光ファイバーの材料などに幅広く用いられています。

　このほか，透明度と屈折率を大きくし，輝きを増したクリスタルガラスや熱膨張率を下げて耐熱性を高めた耐熱性ガラス（パイレックス）などがあります。

　セメントは，その原料の約80％は石灰石であり，セメント工場は，

第三の石器時代始まる？

　陶磁器，ガラス，セメントなど，無機物質の中で金属以外のものを総称してセラミックスといいます。最近，これらの物質には見られなかった特殊な性質や働きをもつ製品が続々と登場しました。ファインセラミックス，あるいはニューセラミックスと呼ばれるものです。

　身のまわりでは，セラミック包丁やはさみ，人工歯，人工骨などです。これらに使われているセラミックスは金属に比べて軽くて硬く，薬品などにも強いことが特徴です。技術の進歩により陶磁器などの欠点であるもろさがなくなりました。

　耐熱性も大きな特徴で，スペースシャトルが地球に帰還する際に空気摩擦熱で燃えないように張られている耐火パネル，自動車のエンジン部品や点火プラグがあります。また，集積回路の基板は絶縁性を利用しています。このほか，赤外線や圧力変化を感知するセンサー，光ファイバー，コンデンサー，テニスラケットの炭素繊維のフレームなど，最先端の科学技術から医療素材，日常品まであらゆる分野で利用されています。

　金属やプラスチックの時代の中で，旧石器時代，新石器時代につぐ第三の石器時代が始まったともいえます。材料や製法を工夫することにより今後さらにさまざまな特徴をもつセラミックスが登場することでしょう。

原料の供給が便利な鍾乳洞の近くなどの石灰岩地帯に多く存在します。最近は，火力発電所から排出される石炭灰，製鉄で発生する高炉スラグ（鉄鉱石中の鉄以外の成分），下水道処理施設やゴミ焼却炉などから出る汚泥や焼却灰が，セメント原料と組成が似ているためセメントの原料として再資源化されています。

　コンクリートは，セメントに砂と砂利を混合し水を加えて固まらせます。このとき，砂や砂利の隙間にセメントの主成分である酸化カルシウムや二酸化ケイ素が水を引き寄せて（水和反応）結晶をつくります。セメントが固まるのは水が関与する化学反応なので，乾いた状態では反応が起こらず，低温では遅くなります。そこで，コンクリートは十分に硬化が進むまで数日間，硬化に必要な湿気と適度な温度を保つ必要があり，この作業を養生といいます。

3.4　豊かな土壌とは？

　山の斜面が崩れ落ちた崖を見ると，下の方には岩石の塊があり，上にいくと小さな礫になり，一番上は粒も細かく黒みがかった層が覆ってい

て，土壌のでき方を知ることができます。一番上の土壌は土の粒や腐植が詰まっており，隙間には水や空気があります。水にはさまざまな無機物や有機物が溶けています。

　日本では，気候が温暖，湿潤で生物が豊富ですので，森林を含め多くの土壌は，腐植に富んだ黒っぽい色をしており，黒土と呼ばれています。ただ，関東ローム層は火山灰でできており，腐植が少ないので赤っぽい土壌になり，ふつう赤土と呼ばれています。

　このように，一般に土壌は腐植が多いほど黒っぽく見えます。実際，乾いた黒い土を焼くと，赤褐色になるとともに有機物が燃えて失われて，重量が約10％軽くなります。失われた有機物の大部分は腐植です。すでに述べたように，腐植は植物の枯葉や枯枝や動物の死骸などが小さな動物や微生物によって分解された分解物ですので，それ自身植物の栄養分となります。

　腐植をつくる土壌微生物*には，細菌類や，カビやキノコなどの菌類があります。さらに，これらの微生物とともに土壌の形成に重要な役割を果たしているのが，土壌動物です。大きいものでは土の中に穴を掘って生活しているモグラやミミズなど，小さいものでは落ち葉や土の間に生活する昆虫やダニなど，さらに小さなものでは落ち葉表面の水に生活する原生動物がいます。これらの生物は，枯葉や枯枝などの分解のほか，土壌の撹拌をすることで，良質な土壌をつくってくれます。

3.5　土壌の汚染

　土壌汚染は，大気汚染や水質汚染を起こした重金属や有害化学物質が，空気や水などを介して土壌に蓄積することにより発生します。農地の汚染により農作物の生育が悪くなったり，汚染された農作物や汚染された地下水により人の健康が損なわれたりすることが問題となっています。

　土壌汚染は，公害の中でも最も歴史の古いものの一つであり，すでに述べた足尾銅鉱山の排煙 (p.22) と鉱毒水のために壊滅的な被害を受けた渡良瀬川流域の農用地汚染や，戦後の神通川流域などのカドミウムによる農用地汚染とイタイイタイ病*の発生などが代表的な例としてあげられます。

　最近は，農用地のほかに市街地土壌についても，都市再開発の際，工場や研究所の跡地で有害物質による汚染が明らかになる例が多くなっています。主な汚染物質には，水銀，鉛，カドミウム，クロムなどの重金属 (p.87) のほか，トリクロロエチレンやテトラクロロエチレンなどの有機化学物質があります (**表 3.3**)。

* **土壌微生物**
　1gの土壌中に数千万から数億の微生物が生息しています。これらの微生物は枯葉・枯枝，動物の排泄物，死骸などを直接分解するのではなく，土壌動物が細かくしたものや排泄した糞の中の有機物を，さらに二酸化炭素やアンモニアなどの無機物に分解します。土壌中での有機物から無機物への分解のほとんどは微生物によるもので，自然界における物質循環の中で分解者としての働きをしています。

* **イタイイタイ病**
　1910年代から1970年代前半に富山県の神通川流域で発生した，骨の激しい痛みを伴う公害病で，病名は患者が「痛い，痛い」と苦しんだことに由来します。

表 3.3　土壌汚染の原因となる主な有害物質

分類	物質	主な用途，発生源など
揮発性有機化合物	四塩化炭素	農薬など化学製品の合成原料
	ジクロロエタン，トリクロロエタン	プラスチック合成原料，洗浄剤，有機溶剤，殺虫剤，抽出剤
	トリクロロエチレン，テトラクロロエチレン	回路基盤など金属製品の脱脂洗浄剤，ドライクリーニングの洗浄液
	ベンゼン	化学製品の合成原料，溶剤，自動車燃料
重金属など	カドミウムおよびその化合物	顔料（カドミウムイエロー），電池（ニカド電池）
	水銀およびその化合物	体温計，血圧計，電池
	シアン化合物	メッキ工業，殺虫剤。窒素を含む有機物（絹，羊毛，ナイロン，アクリル系繊維，樹脂など）が燃えたとき発生。
	ヒ素および化合物	農薬，殺鼠剤，木材防腐剤，シロアリ駆除剤，発光ダイオード，携帯電話，コピー機
	六価クロム	金属メッキ，地盤強化剤，顔料
	鉛	鉛蓄電池，鉛ガラス（クリスタルガラス），水道管
農薬など	有機リン化合物	殺虫剤，農薬
	ポリ塩化ビフェニル (PCB)	熱媒体，トランスやコンデンサ用絶縁油。1974 年使用禁止。

土壌汚染対策法（2002 年）の対象となる特定有害物質は，「それが土壌に含まれることに起因して人の健康に係る被害を生ずるおそれがあるもの」とされている。

3.6　土壌の砂漠化と森林の効果

　土壌の砂漠化とは，ふつうにいわれる乾燥した地域を示す砂漠というよりは，植物が育っていた土地が，何も育たない不毛の土地になることをいいます（図 3.2）。植物が生育できなくなった土地では多くの場合，結果として乾燥した土地になってしまいます。

　このような土地になる原因は，雨量の減少など自然現象である場合もありますが，現在問題となっている砂漠化の多くは，人類の活動が原因となって引き起こされたものです。その直接の原因には土壌劣化と流出，塩性化，飛砂などがあります。

　土壌の汚染，過放牧や過度の作物栽培による牧草地や耕地の荒廃などの土壌の劣化により植物が生育できなくなり地表が露出すると，地面に降った雨水が地表を流れ，表土が浸食されて，有機物などの養分を含む土壌を流出させてしまいます。

　塩性化というのは，土壌中のカルシウム，マグネシウム，ナトリウムなどの金属塩*(p.6) の濃度が高くなったため植物が生育できなくなることです。これは，地下水を灌漑用に過度にくみ上げることにより，水に溶解している塩類が水とともに上昇し地表に運ばれ，水分が蒸発した後に塩類だけ地表に残されて蓄積することによります。

* 金属塩
　カルシウム，マグネシウム，ナトリウムなどの金属の陽イオンが，塩化物イオン，硫酸イオンなどの陰イオンと結合してつくられた塩。

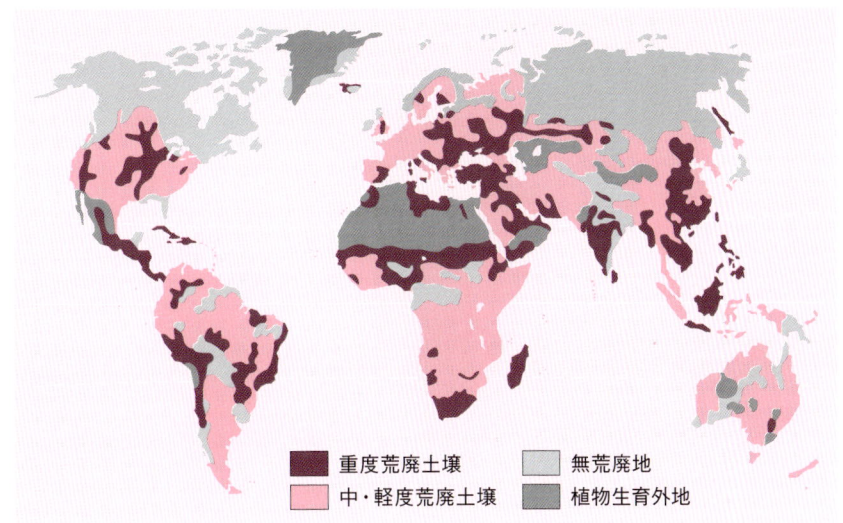

図 3.2 世界の荒廃土壌地（1997年）
(Philippe Rekacewicz, UNEP/GRID-Arendal, Degraded soils, *UNEP/GRID-Arendal Maps and Graphics Library*, http://maps.grida.no/go/graphic/degraded-soils)

重度荒廃土壌　　無荒廃地
中・軽度荒廃土壌　植物生育外地

　砂漠や砂丘の周辺部では，砂が飛来することにより砂漠の一部として組み込まれ，植物が育たなくなり，砂漠が拡大していきます。
　さらに，土壌の劣化や砂漠化と密接にかかわっていると指摘されているのは，森林の減少です。森林は二酸化炭素を吸収，貯蔵し，土壌の流失を防止し，水源を保持し，水質を浄化するなど，土壌と水の保全に多様な働きをしています。森林の減少は，人間をはじめとするさまざまな生物の生存に大きな影響を及ぼしています。

3.7　酸性雨が生態系に及ぼす影響

　酸性雨が発生する原因や酸性雨がもたらす私たちの健康への影響については，すでに2.7節で述べましたが，酸性雨は生態系にも深刻な影響をもたらしています（**図 3.3**）。酸性雨が直接森林に影響を与えている典型的な例として，**黒い三角地帯**で知られているチェコ西北部，ポーランド南部，ドイツ東部の山岳地帯があります。この地域では，硫黄含量の高い石炭が火力発電などに利用され，発生した多量の硫黄酸化物を含む排煙が大きな被害を与えたということです。
　また，北欧諸国，北米大陸では，多くの湖沼が酸性化したことにより魚が住めない死の湖に変わり，美しい森林地帯は木々が枯れてしまいました。たとえば，スウェーデンでは全湖沼の約25％が酸性雨の被害を受けており，約5％の湖沼ではすでに魚が姿を消してしまったとのことです。アジア地域では，中国の重慶市近郊で，酸性汚染ガスによる健康被害や森林被害が生じています。

図3.3 酸性雨で枯損したと指摘されている森林(赤城山)
(村野健太郎:『酸性雨と酸性霧』(裳華房, 1993)より)

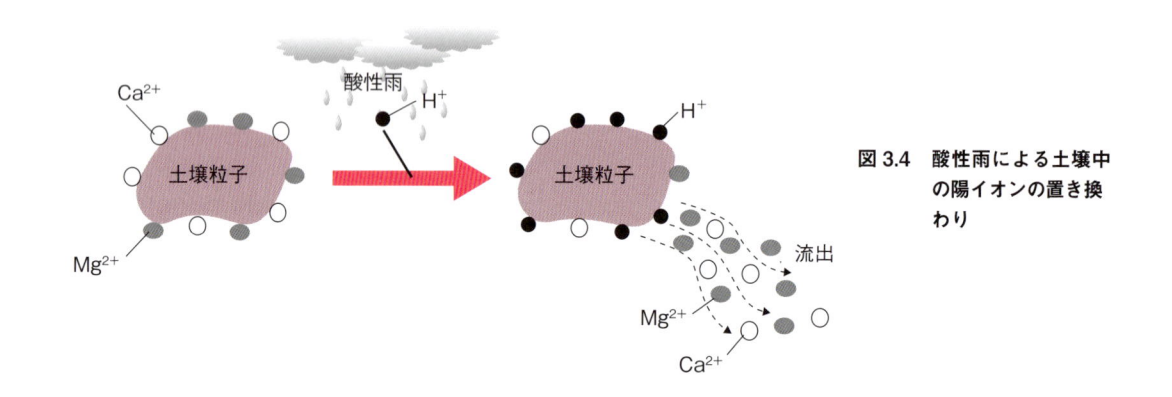

図3.4 酸性雨による土壌中の陽イオンの置き換わり

　土壌粒子の表面には，カルシウムやマグネシウムなどの植物が必要とする陽イオンが吸着していますが，酸性雨からの酸(水素イオン)が入ってくると，これらのイオンは水素イオンと置き換えられ流れ出してしまいます(図3.4)。さらに酸性化が進行すると，鉱物が分解されアルミニウムイオンが溶け出します。アルミニウムイオンは生物に対して極めて毒性が強く，土壌中の有用な微生物を死滅させるとともに，樹木の根の成長を妨げ枯らせてしまうのです。

　一方，酸性雨のために湖沼や河川の水のpHが5程度に低下すると，多くの魚類は生息することができません。さらに，pH4.5以下になると，魚の餌になるプランクトンなども死滅してしまいます(図2.9参照)。

　酸性雨はこのほか，コンクリートの成分の一つカルシウムを溶け出させ，コンクリートの強度を弱めボロボロにします。また，大理石の構造物や彫刻，銅像などを溶かしたり，さびを発生させています。

　日本の酸性雨の現状について，環境省の酸性雨対策調査報告(2004)は，「降水の年平均pHは約4.34〜6.25で，4.4から5.0の間に集中しており，酸性雨による被害が報告されている欧米と同程度の酸性雨が観測

されている。今のところ，生態系などへの影響は明らかになっていないが，影響は長い期間を経て現れると考えられるため，現在のような酸性雨が今後も降り続ければ，将来，影響が現れるだろう」と述べています。

化学者が日本の農地荒廃を救った

　1948年頃，第二次世界大戦に敗れた日本は大変な食糧難でした。国策として米の増産が掲げられ，そのため，化学肥料である硫安（硫酸アンモニウム）が大量につくられ使われました。硫安は窒素肥料として使われたのですが，窒素が植物に吸収された後，硫酸が土中に残り，土壌を酸性にします。そこで，農家はこれを中和するためにアルカリ性を示す石灰（水酸化カルシウム）を大量にまいたのです。長年これを繰り返せば，水に溶けにくい硫酸カルシウム（石膏）ができ，土を固まらせてしまいます。

　当時，大阪大学にいた無機化学者 槌田龍太郎は，このままでは日本の農業が破壊されるとして化学の立場から「硫安亡国論」をとなえ，国策であった硫安の使用による食糧増産に警鐘を鳴らしました。さらに，土壌中に残存する硫酸イオンを取り除くため，硫黄を含む化合物（独特のにおいと辛みのもと）をつくるネギ科の作物をコメの裏作として栽培することなどを推奨しました。その結果，農地荒廃を食い止めることができたのです。現在は硫酸を含まない窒素肥料が主に使われています。

第4章 環境化学物質 —環境を蝕む—

　私たちは，天然の化学物質に加え，これまで自然界に存在しなかった新しい化学物質をつくってきました。そして，それらの膨大な数の化学物質が，私たちの暮らしやいのちを育んでいます。しかし，その中のあるものは，私たちに対して恩恵を与えるだけでなく，生体の中に入ったとき急性毒性，発がん性，ホルモン作用をもち，人間を含む動物界全体に大きな影響を与えることがわかってきました。

4.1 「夢の物質」が実は…

　第二次世界大戦直後，日本ではノミやシラミが横行し，ハエやカなどが媒介する食中毒や発疹チフス，赤痢が猛威をふるいました。これらの害虫の駆除に大きな威力を発揮したのは，DDTと，これに次いで登場したBHCでした。これらの殺虫剤は，人びとの健康や環境衛生の向上のためだけでなく，農薬として大量に使用されて食糧増産にも大いに貢献しました。とくに，DDTは夢の殺虫剤と呼ばれ，絶大な信頼の下に大量に使われていました。

　しかし，昆虫のいのちを奪うものは，量が多くなれば人間に対しても，急性毒性や発がん性などの害があることが明らかになってきました。また，これらの塩素を含む有機物（有機塩素化合物）は分解しにくく，自然界で蓄積します。日本では1970年代までにほとんど製造と使用が禁止されましたが，いつまでも環境に留まり，悪影響を及ぼし続けています。

　PCB（ポリ塩化ビフェニル）は，熱にも薬物にも強い安定な化合物であり，電気をほとんど通さないため，変圧器などに用いるトランスオイル，熱を伝える熱媒体，感圧複写紙に用いるマイクロカプセルなどをはじめ，化学工業には必須の化合物として大量に使用されてきました。

　ところが1968年，PCBの混入した食用油を摂取した人びとに全身の吹き出物，激しい痛み，皮膚・消化器・肝臓障害などの重篤な障害を生じた油症事件*が発生しました。この事件が発端となってPCBの強い毒性が明らかとなり，1972年から製造，使用が禁止されました。しかし，

---

* **油症事件**

　米ぬか油の製造過程で，脱臭のためタンクを外部からPCBを熱媒体として加熱しました。本来は油と熱媒体は接することはないのですが，PCBが流れている配管に問題があり，米ぬか油にPCBが混入したのです。この米ぬか油を摂取した人びとにさまざまな体の異変が生じました。

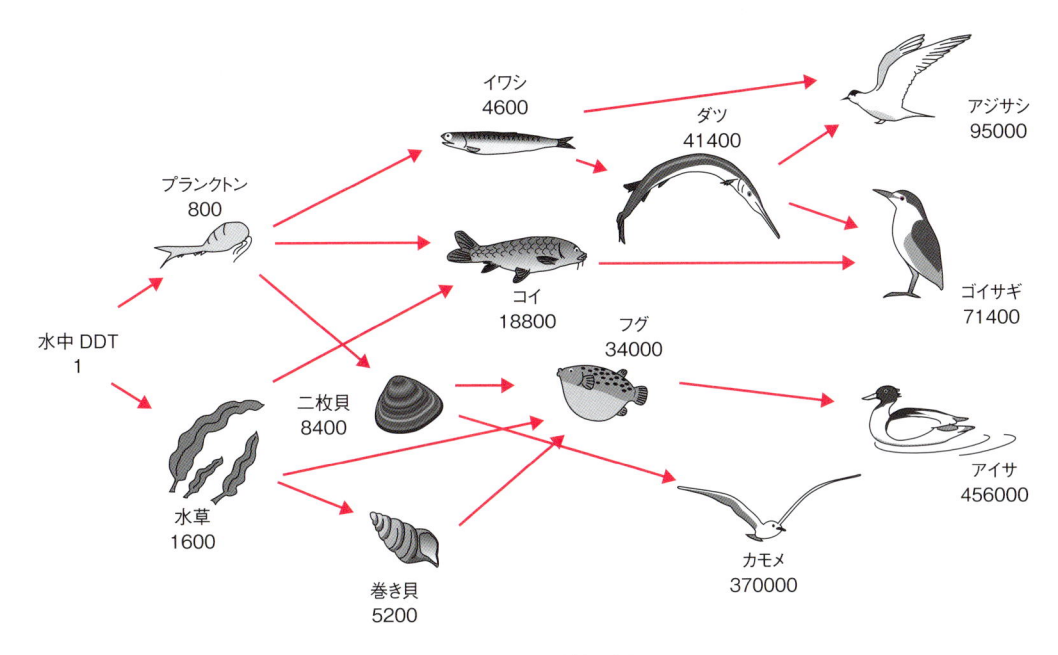

図 4.1　生物濃縮の例
アメリカのロングアイランド付近の調査による DDT の生物濃縮の様子。数字は濃縮度を示しています。（鈴木孝仁 監修：『視覚でとらえるフォトサイエンス生物図録』（数研出版，2000）を改変）

PCB は油に溶けやすく，人の脂肪組織に蓄積し体内から排出されにくいので，40 年以上も経た現在でも，被害を受けた人たちは苦しんでいます。

　DDT や PCB などの化学物質に共通した特徴は，環境だけでなく，生体内での残留性も強いことです。環境に放出されたときは低濃度であっても，それを生物が取り込むと，分解されにくいため体内で濃縮されます。この生物をほかの生物が摂取すると，化学物質はその生物の体内でさらに濃縮されます。このように，化学物質が生物体内で次々と濃縮されていくことを**生物濃縮**といいます（**図 4.1**）。こうした食物連鎖の最終段階は人間であることが多いので，私たち人間が最も濃縮された形で摂取することになり，大変深刻な状況を生み出しています。

4.2　火で洗える布・魔法の鉱物アスベストは「静かな時限爆弾」

　アスベスト（石綿）は鉱物の仲間ですが，ふつうの繊維のように織ることができます。燃えることがなく，酸やアルカリに侵されず，電気絶縁性，断熱性，防音性などに優れているため，古代エジプト時代から世界中で，建築材料（屋根，天井，床タイル，防火壁），耐火繊維（防火服，耐火カーテン），断熱材，水道管，石油ストーブの芯など，夢の素材と

図 4.2 アスベスト
（毎日新聞社より）

して広く使われてきました。日本でも古くから燃えない布，火で洗える布として珍重されてきました（図 4.2）。

ところが，アスベストの繊維は非常に細く，1本の細さはだいたい髪の毛の 5000 分の 1（0.02〜2.2 μm*）ほどなので，空気中を浮遊している細かな繊維が呼吸とともに体内に入ると，肺の細胞や肺を包んでいる膜（中皮）に突き刺さります。細胞などに突き刺さったアスベストは，吸入してから約 20〜40 年の潜伏期間を経た後に，肺がんや中皮腫を引き起こします。吸い込んでから発病までに自覚症状がないので，「静かな時限爆弾」と呼ばれています。

多くの国々で学校，大学，体育館，オフィスビルなどで，耐火や防音のためアスベストが吹き付けられましたが，これらの建物内にいる人は，空気中に浮遊しているアスベストの危険にさらされてきたわけです。

日本では 1975 年以降，吹き付けが禁止され，1987 年以降，使用されていた学校などからの撤去が行われています。しかし，建築物の解体によるアスベストの排出量は 2020〜2040 年頃ピークを迎えると予測されており，今後の解体にあたって，作業員や建築物周辺の住民の健康への影響が懸念されています。

* **大きさの接頭語**

表 大きさの接頭語

倍　数	接頭語		記　号	倍　数	接頭語		記　号
10^1	デカ	deca	da	10^{-1}	デシ	deci	d
10^2	ヘクト	hecto	h	10^{-2}	センチ	centi	c
10^3	キロ	kilo	k	10^{-3}	ミリ	milli	m
10^6	メガ	mega	m	10^{-6}	ミクロ	micro	μ
10^9	ギガ	giga	g	10^{-9}	ナノ	nano	n
10^{12}	テラ	tera	t	10^{-12}	ピコ	pico	p

4.3 がんと環境化学物質

　厚生労働省の人口動態統計によると，日本人の死因のトップは悪性新生物（がん）で，死因の3分の1を占めています。部位別死亡数では，2006年度は肺がん，胃がん，大腸がん，肝臓がんの順でした。がんの種類は，食物，嗜好品，職業，地域などにより異なることが知られています。

　がんを誘発させる要因は，食品，タバコ，ウイルス感染の順で，これらでがん死要因の75％を占めるとの報告があります（図4.3）。一般にがんの要因と考えられている食品添加物，農薬などの寄与は，それほど大きくはないとのことです。

　国際がん研究機関（IARC）＊では，天然および合成化学物質について発がん性を調査し，その結果を人に対する発がん性の程度により5つのグループに分類しています。その中で，発がん性が認められている化学物質としてあげられているのは，ダイオキシン，PCB，アスベスト，ベンゼン（ガソリンに含まれる），塩化ビニルモノマー（ポリ塩化ビニル（第12章参照）の原料），タバコ，ベンツピレン（排気ガス），アフラトキシン（ピーナッツなどのカビ毒），タール（石炭，木，タバコなどを燃やした後に残る黒褐色の物質），ニトロソアミン（硝酸や亜硝酸が生体物質と反応してつくられる），ホルムアルデヒド（住宅建材などから放散）などです。また，食品中の発がん物質として注目されているものは，魚肉類の焼け焦げに含まれるヘテロサイクリックアミン類です。

　発がん物質は発がん性の強さだけでなく，摂取量も考える必要があります。たとえば，史上最強の発がん物質といわれているダイオキシンも，ふつうの生活で摂取する量はわずかなので，発がんリスクは極めて低く，タバコによるリスクの方がはるかに高いということです。

　化学物質の発がん性は，サルモネラ菌での突然変異誘発率を測定するエイムズテストにより調べられます。このテストでは，検査したい化学物質を含む培地にサルモネラ菌をまきます。その化学物質に発がん性があると，サルモネラ菌の遺伝子に突然変異が起こって多数増殖するので，それによってその化学物質の変異原性が明確にわかるように工夫されています。

＊**国際がん研究機関（IARC）**
　世界保健機構（WHO）の決定により1965年に設立された世界約20カ国が参加する研究機関で，発がん機構の解明，化学物質，放射線，ウイルスなどのヒトに対する発がんの強さの評価，予防などの研究をしています。

図4.3 がんの要因
（R.Doll, R.Peto, *J.National Cancer Institute*, 66, 1192 (1981) を改変）

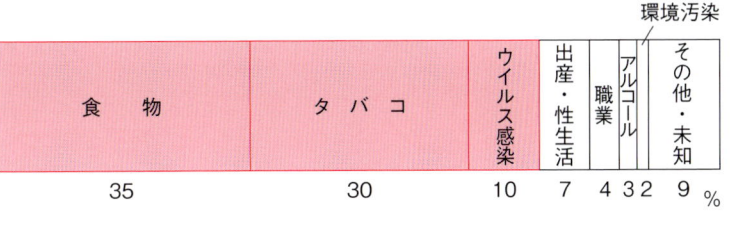

食物	タバコ	ウイルス感染	出産・性生活	職業	アルコール	環境汚染	その他・未知
35	30	10	7	4	3	2	9 ％

「天然はよいが，合成は悪い」は間違い！

　環境化学物質としてこれまで問題にされてきたのは，主に石油などからつくられた化学合成物質であるので，「天然はよいが，合成は悪い」という声を聞くことがあります。しかし，こうした考えは正しくありません。天然物の中にも合成物質以上に毒性をもつものはたくさんあります（図）。

　カフェインはコーヒー，緑茶，紅茶などに含まれており，日常的に摂取していますが，その毒性は殺虫剤のDDTの毒性とほぼ同じです。ジャガイモの芽や皮に含まれるソラニンという物質も，1個分の皮だけで子どもは中毒を起こします。たとえば，2007年，小学校の理科の授業で栽培したジャガイモを皮ごとゆでて食べ，児童の半数以上が腹痛，吐き気などの中毒症状を起こしたという事件がありました。フグ毒はサリンとほぼ同じ強毒であるし，食中毒菌のボツリヌス毒素は，合成物質で最も毒性が高いといわれているダイオキシン（2,3,7,8TCDD，図4.4）の千倍近い毒性をもっています。実は，ダイオキシンも森林火災や火山活動でも発生するので，大昔から存在していた物質です。

　私たちのからだへの影響に関して，天然物であるか合成物であるかの違いは全くなく，100％安全な物質は存在しません。それが人体に対してどの程度の影響を及ぼすかは，物質の種類に加えて，量と摂取の仕方で決まります。

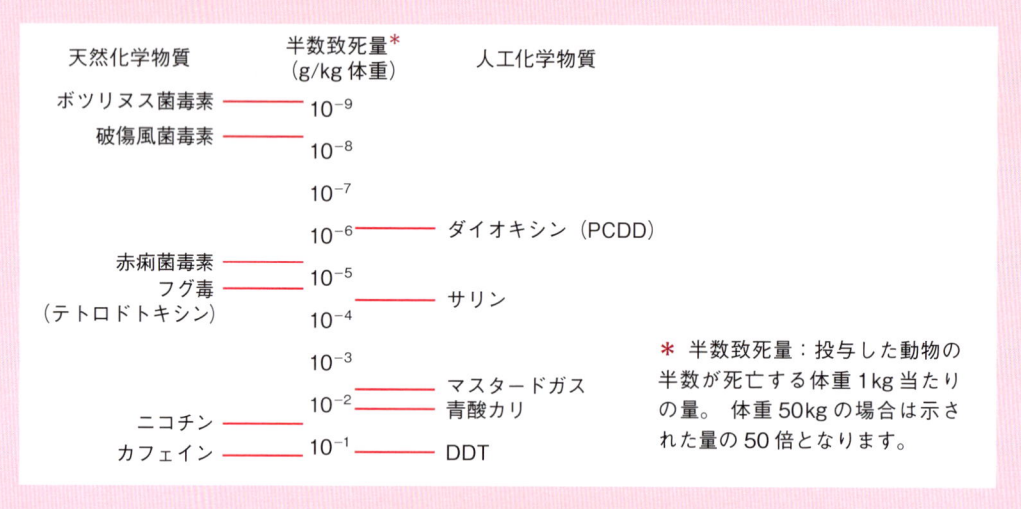

天然化学物質	半数致死量* (g/kg体重)	人工化学物質
ボツリヌス菌毒素	10^{-9}	
破傷風菌毒素	10^{-8}	
	10^{-7}	
	10^{-6}	ダイオキシン（PCDD）
赤痢菌毒素	10^{-5}	
フグ毒（テトロドトキシン）	10^{-4}	サリン
	10^{-3}	
	10^{-2}	マスタードガス / 青酸カリ
ニコチン		
カフェイン	10^{-1}	DDT

＊ 半数致死量：投与した動物の半数が死亡する体重1kg当たりの量。体重50kgの場合は示された量の50倍となります。

図　天然物質と人工物質の毒性の比較
（『環境白書（平成11年版）』（環境省，1999）を改変）

4.4 廃棄物とその処理

　私たちの日々の生活や産業活動から，さまざまなゴミ・廃棄物が排出されています。廃棄物は，大きく一般廃棄物と産業廃棄物の2つに区別されています。このうち，一般廃棄物は，主に家庭から発生する家庭ゴミ，オフィスや飲食店から発生する事業系ゴミ，およびし尿です。2006年度の統計によれば，国民一人当たり1日に約1.1kgのゴミを出しています。

　これらのゴミは，直接埋め立てられるもの，焼却されるもの，焼却以外の方法で中間処理されるものに大別されます。現在，全体の約80%が直接焼却されています。燃やすことによって，もとの量と比べると重量で約10分の1，体積で約20分の1に減量されるので，ゴミの減量化には適しています。最近は，焼却の際の熱が，発電，暖房や給湯，温水プールなどに利用されています。

　約20%のゴミは焼却以外の中間処理施設で，粗大ごみが砕かれ圧縮されて小さくされたり，紙，金属，ガラス，プラスチックなど再資源として利用できるものは選別されて資源ゴミとして回収されたり，堆肥や飼料にされたりしています。残りは直接埋め立てられています。

　ゴミの全排出量に対する何らかの資源としてリサイクルされる量の割合，リサイクル率は，1996年度の約10%から2006年度の約20%へと10年間で倍増しており，限られた資源を再利用しようとする動きが活発に進められています。

　ゴミの焼却では，ダイオキシン類の発生が問題となっています。ダイオキシンには，ゴミの焼却以外にも，タバコの煙，自動車排出ガス，森林火災，火山活動などさまざまな発生源がありますが，日本における発生量の90%が廃棄物の焼却によるといわれています。そこで，ダイオキシンの発生をできる限り抑制するため，燃焼温度を850℃以上にして完全燃焼させることと，焼却炉から排出された800℃以上のガスを一気に200℃以下にまで急冷してダイオキシンが合成される反応を極力抑えるなどの対策がとられ，焼却施設からのダイオキシン類の排出量は2003年には1997年に比べて約50分の1にまで減少しました。

　ダイオキシンは有機塩素化合物の一種ですが，その中には多くの種類の化合物が含まれています(図4.4)。中でも 2,3,7,8TCDD という物質は，人工物質としては急

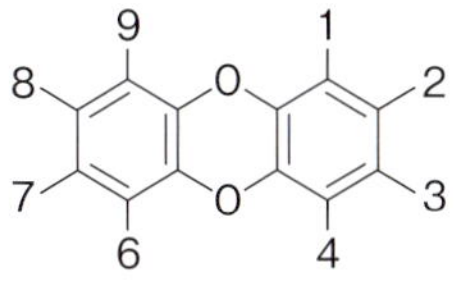

ポリ塩化ジベンゾ-p-ジオキシン（PCDD）

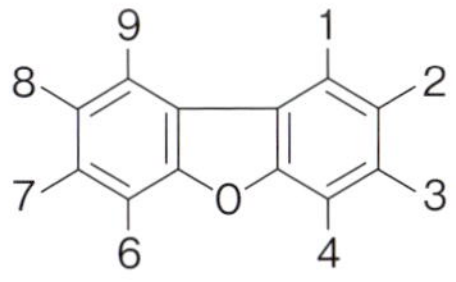

ポリ塩化ジベンゾフラン（PCDF）

図4.4　ダイオキシン
ポリ塩化ジベンゾパラジオキシン（PCDD）とポリ塩化ジベンゾフラン（PCDF）をまとめてダイオキシンと呼ぶ。ベンゼン環の番号をつけた位置に水素か塩素がついているが，塩素の数やつく位置によりPCDDでは75種類，PCDFでは135種類の化合物が存在する。2,3,7,8TCDDはPCDDの2,3,7,8の位置に塩素がついたもの。

性毒性が最も高いことがわかっています。さらに，この物質は低濃度でも発がん性があるといわれています。

化学物質による環境汚染を摘発した女性たち

　環境に放出された化学物質の危険性を最初に警告したのは，海洋生物学者であり作家でもあるレイチェル・カーソンでした。1962年，彼女は著書『沈黙の春(Silent Spring)』で，農薬や殺虫剤などの化学物質の過剰な使用により，自然の生態系が破壊されつつあることを訴えました(図)。彼女はアメリカ政府を動かし，化学物質を急性毒性，発がん性，変異原性という観点から見直させました。その結果，多くの殺虫剤や除草剤の生産が中止され，使用禁止になりました。

　1974年から翌年にかけて，有吉佐和子は新聞紙上に小説『複合汚染』を連載しました。それまで化学には無縁であった一作家が，農薬，食品添加物，合成洗剤などの化学物質により人類がいかに危機にさらされているかを，市民の視点から訴えました。

　それから20年以上経た1996年，シーア・コルボーンらは著書『奪われし未来(Our Stolen Future)』の中で，多くの化学物質が，これまで考えてもみなかった極めて低い濃度で，動物の生殖機能に異常を起こしており，まさしく，未来が失われつつあることを指摘しました。その結果，環境に放出される化学物質を，これまでの急性毒性や発がん性という観点だけでなく，はるかに低濃度で影響が現れる内分泌機能撹乱*作用という観点から見直す必要性が出てきました。

　化学物質による環境汚染の問題は，このように，女性たちにより警鐘が発せられ，世論を巻き起こし，そして施策を変えさせてきました。

＊外因性内分泌撹乱化学物質
　体外から入ってきて，内分泌(ホルモン)に似た作用をしてしまう化学物質です。一般に，「環境ホルモン」といわれていますが，実際はホルモンではありません。現在，最も問題とされているのは，女性ホルモン様作用をもつ化学物質による生殖機能への影響です。

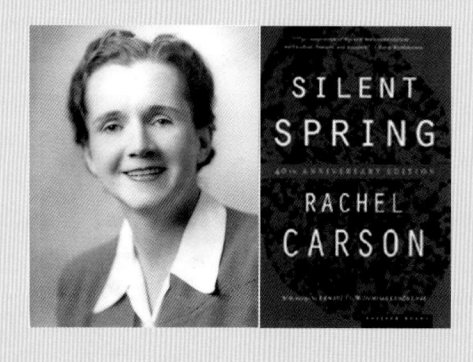

図　レイチェル・カーソンと『沈黙の春(Silent Spring)』の原本
(レイチェル・カーソン：US Fish and Wildlife Service より)

第5章 エネルギー —現状と将来—

　私たちは暮らしの中でいろいろなエネルギーを使っています。自然から得られるエネルギーやそのもとになるものをエネルギー資源といいます。人類は木片をこすり合わせて火をおこすことを知ってから長い間，木を燃やすことによるエネルギーを主なエネルギー源としてきました。現在は，石油をはじめ，さまざまなエネルギー資源が利用されており，また，新しいエネルギーが次々と開発されています。

5.1 エネルギー資源

　18世紀中頃，ワットによる石炭を利用した蒸気機関の発明により，巨大なエネルギーを得ることが可能になりました。その結果，産業革命が起こり，人びとの生活，さらに社会体制が大きく変化しました。1950年代までは石炭が主役でしたが，その後徐々に使用量が少なくなり，現在は石油がエネルギー源の中心になっています。

　エネルギー資源には石炭，石油，天然ガスなどの化石資源のほかに，ウランなどから得られる**核エネルギー**＊（原子力エネルギー），太陽光や水力，風力，地熱，潮汐（ちょうせき），波力などいろいろあります。とくに，石油はエネルギー源としてのほかに，工業原料としても大量に使われ，現代の私たちの暮らしには必要不可欠なものになっています。

　このような加工する前の資源を一次エネルギーといい，これらを加工あるいは変換して得られる電気，都市ガス，コークスなどを二次エネルギーと呼んでいます。

　日本における全エネルギー供給における割合は，2009年度の統計によると，石油，石炭，天然ガス，原子力，地熱・新エネルギー，水力の順になっています（**図5.1**）。また，これらのエネルギーの自給率は1960年では約60％だったのですが，エネルギー使用量の急激な増加とともに減少し，1970年代以降は10％台に落ち込んでいます。これは原子力発電を国産エネルギーと考えての値で，原子力エネルギーを除いたエネルギーではわずか4％が自給されているに過ぎません（**表5.1**）。

＊ **核エネルギー**
　ウランやプルトニウムのような元素の原子核が分裂して2つの別の原子に分かれることを核分裂といいます。このとき，極めて大きなエネルギーと放射線などを放出します。たとえば，1gのウラン235が核分裂すると火薬約20トン分のエネルギーが出ます。このエネルギー（原子力エネルギー）を一気に取り出したものが原子爆弾です。原子力発電では原子炉により持続的にゆっくり取り出して利用しています。

第5章 エネルギー

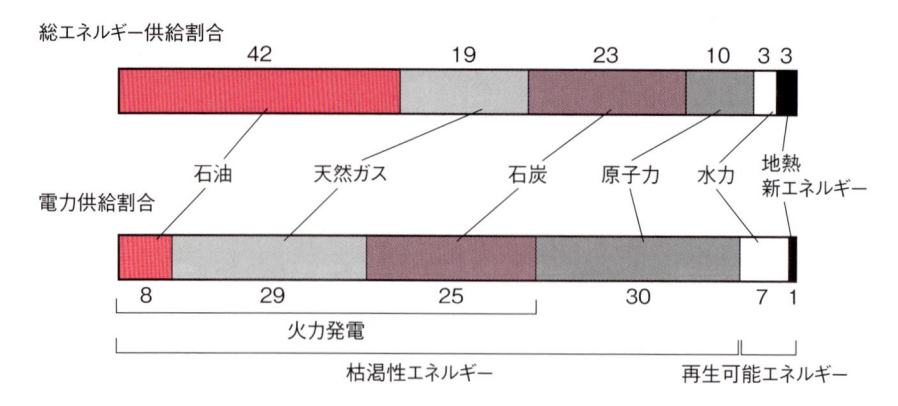

図5.1 エネルギー資源別の供給量の比較
数字は割合（%）を示す。（『エネルギー白書 2010』（経済産業省資源エネルギー庁, 2010）を改変）

総エネルギー供給割合：石油 42、天然ガス 19、石炭 23、原子力 10、水力 3、地熱・新エネルギー 3

電力供給割合：石油 8、天然ガス 29、石炭 25、原子力 30、水力 7、地熱・新エネルギー 1
（火力発電：石油・天然ガス・石炭／枯渇性エネルギー：石油〜原子力／再生可能エネルギー：水力・地熱・新エネルギー）

表5.1 日本のエネルギー自給率の動向

	エネルギー自給率*	原子力を含む**
1960	57 %	57 %
70	14	14
80	6	12
90	5	17
2000	4	20
04	4	18

* 水力，地熱，国産の石炭・天然ガス，太陽光などを国産エネルギーとしたとき
** 原子力エネルギーを国産エネルギーとして含めたとき
（Energy Balances Of OECD Countries 2003-2004 : 2006 Edition）

自給率わずか4%！その内訳は…

エネルギー源	割合（%）
水力	35
原油	10
天然ガス	12
地熱・太陽光など	16
廃棄物など	27
石炭	0

　石油をはじめとする化石資源は，地球の過去の遺産ですから限りがあります。今のままの消費が続くと，石油や天然ガスは40～50年で枯渇するという予測もあります。化石資源やウランなどの埋蔵資源は使えばなくなる資源であり，**枯渇性エネルギー**といいます。

　一方，太陽エネルギーをはじめ，水力，風力，地熱，潮汐，波力，バイオマスなどは，自然界の営みによって利用する量と同じ量以上が再生されうるエネルギー源であり，**再生可能エネルギー**といいます。これらのエネルギー源は，一般に二酸化炭素などの温室効果ガスや有害気体を排出せずにエネルギーが得られるものが多く，新しいエネルギー源として開発が進められています。

5.2　エネルギー消費の現状

　日本におけるエネルギー消費量は，1973年度から2007年度までの34年間で約1.4倍に伸びました。そのうち，家庭や病院，オフィスなどで使われるエネルギー（民生部門）は約2.5倍，自動車，鉄道などの運輸

部門は約 2.0 倍に増加したのに対して，大量に消費される製造業など，産業部門のエネルギー消費はほぼ横ばいでした。

　産業部門では，1973 年の第一次オイルショック*以降，限られたエネルギーを効率よく利用するためのさまざまな省エネルギー対策が，制度および技術開発の両面から進められてきました。オイルショック後の約 30 年間で，経済規模は 2 倍以上に拡大していますが，エネルギー消費量はほとんど変わっていません。それだけエネルギーを無駄なく有効に使っているということであり，現在，日本は世界でも最高水準のエネルギー利用効率を達成しています。

　一方，家庭部門のエネルギー消費構成を見ると，暖房用の灯油消費量は 80 年代以降ほとんど変化はありませんが，電力消費量は大きく増加しています。たとえば，電子レンジやルームエアコンは普及率が 80 %を超えています。家庭用電気機器は省エネルギー化が進んでいますが，一方でさまざまな機器の普及拡大と大型化や機能の高度化に伴い，全体として消費電力が増えているのです。

　運輸部門全体のエネルギー消費の伸びのうち，約 90 %は自家用乗用車の増加によります。自家用乗用車は，一人が同じ距離を移動するときに，電車やバス，飛行機よりもはるかに多くのエネルギーを消費しています。

　以上をまとめると，日本のエネルギー消費量を増やしているのは電気製品と自家用車ということになります。日本では核家族化が進んでいます。世帯数が増えれば，増えた分だけ電気製品や自家用車などが必要になるため，エネルギー消費量はさらに増加することが予想されます。

　日本人一人当たりのエネルギー消費量は，アメリカやヨーロッパの主要国とほぼ同程度で，世界平均の 2.7 倍，中国の 3.9 倍，インドの 12.6 倍です。現在，中国やインドの一人当たりのエネルギー消費量は低いレベルにありますが，今後は経済発展に伴う生活水準の向上などにより大きく増加する見込みです。世界的に見て，エネルギー消費はますます増加すると考えられます。

* **オイルショック**
　石油ショック，石油危機ともいいます。第四次中東戦争勃発によって，アラブの石油産出国が生産量を減らし，石油の値段を 4 倍に引き上げたため，世界各国の産業や経済が混乱し物価が上昇しました。日本では，国民の間にもの不足感が広がり，パニック状態が起こり，紙（とくにトイレットペーパー），砂糖，洗剤などの買い急ぎ，買い占めなどが広がりました。一方，石油輸入国を中心に省エネルギー技術と新エネルギーの開発が進みました。第二次オイルショックは，1979 年のイラン革命によって起こりました。

5.3 発　電

　私たちの日常生活の中では，石油や石炭などから得られるエネルギーを直接使うだけでなく，これらのエネルギーを電気の形に変換して利用しています。たとえば，石油，石炭，天然ガスが燃えたときに出されるエネルギーは，蒸気機関を動力源にしたときと同じ原理で，水を蒸気にし，その圧力で蒸気タービンを回し，これに接続している発電機を回す

ことに利用されています。発電機では，磁場の中でコイルが回転することにより電流を発生させます。

こうして，たとえば火力発電では，石油に含まれる化学エネルギーを燃焼により熱エネルギーに変換し，さらに力学エネルギーにした後，電気エネルギーに変換しています。熱エネルギーから電気エネルギーへの変換効率は 30 〜 50％です。

地熱発電では，地下のマグマで熱せられた水蒸気を利用し，原子力発電は，核分裂反応で発生する熱を使って水を沸騰させ，その蒸気の圧力

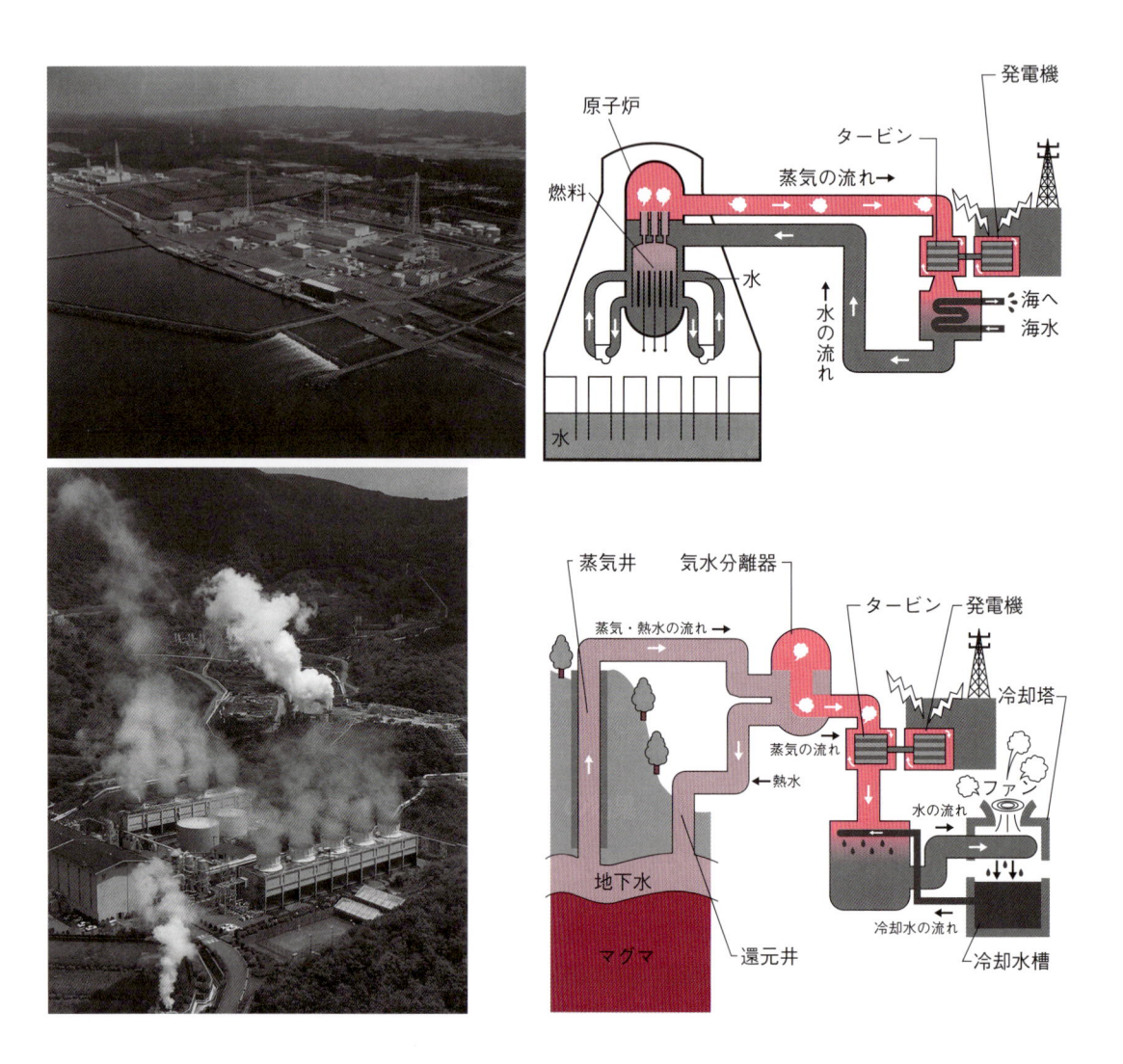

図 5.2　上：原子力発電所と 下：地熱発電所
（写真　東京電力（株）柏崎刈羽原子力発電所（新潟県柏崎市・刈羽村）：東京電力株式会社ホームページより，九州電力（株）八丁原発電所（大分県九重町大字湯坪字八丁原）：毎日新聞社より。イラスト　『原子力発電の現状（2009 年度版）』（東京電力），九州電力ホームページをもとに作図。）

で蒸気タービンを回すことで発電機を回して発電しています。このように，火力，地熱，原子力などによる発電では，水蒸気でタービンを回し発電機で発電するという点で，同じしくみを利用しています (図 5.2)。

一方，水力発電は，ダムに蓄えられた水が落ちる力を利用して発電用水車を回転させて発電しています。同様に，水の力を利用して発電する方法に，潮汐発電や波力発電があります。潮汐発電は潮の干満を利用しています。湾を堤防で締め切って，湾の内側と外側の落差の大きい時間帯にその落差を利用して発電します。波力発電は陸に押し寄せる強い波の力を利用しています。水の力の代わりに風の力を利用しているのが風力発電で，原理は水力発電などと同じです。

これらの方法は，いずれも発電機を回すことにより電気をつくるのですが，太陽光発電は全く違う原理を利用しています。これは，後に説明するように，太陽電池を利用し太陽光のエネルギーを直接電力に変換しています。

日本における電力供給量に対する割合 (2009 年度) は，石炭，石油，天然ガスを使う火力発電が 62％，原子力 30％，水力 7％，地熱・新エネルギー 1％ です (図 5.1)。

5.4 電池のいろいろ

日本で販売されている電池は年間 30 億個を超えています。私たちは，一人当たりいずれかの電池を合わせて 1 年に約 30 個使用していることになり，電池は日常生活に欠かすことができないものです。電池は内部に電気を蓄えておき，必要に応じて取り出すことができるエネルギー源で，使用目的により多くの種類の電池が開発されています (表 5.2)。

一般に用いられている乾電池では，電極となる二種の金属 (あるいは金属と炭素) の間に溶液を入れて電位差を生じさせ，それを起電力としています。たとえば，亜鉛板と銅板の間に希硫酸を入れ，両板を外部で結ぶと，銅より亜鉛の方がイオンになりやすいので亜鉛が電子を放出し，銅が電子を受け取り，電子の流れ (電流の流れは逆方向) が発生します (図 5.3)。このとき，亜鉛板が負極，銅板が正極となります。この方式の電池をボルタの電池といい，1800 年にイタリアのボルタによりつくられた最初の電池です。

このように，一方向に電子が流れて使い切ると充電できない電池を**一次電池**といいます。この種の電池には，マンガン乾電池，アルカリ乾電池，リチウム電池などがあります。

これに対して最近は，放電した後，外部電源から充電すれば繰り返

表5.2 主な電池の種類と用途

種 類	電圧(V)	再充電	特 徴	主な用途
マンガン電池	1.5	不可	小電力で長時間，または大電力で短時間に適す。	時計，リモコン，自動点火，シェーバー，テープレコーダ，ラジカセ
アルカリ電池	1.5	不可	乾電池の大半。マンガン電池の2倍の寿命。	小型家電製品，デジタルカメラ，CDラジカセ，おもちゃ
リチウム電池*	3.0	不可	高電圧で自己放電少ない。軽い。	カメラ，ペースメーカー，パソコン，ビデオデッキ
ニッケル・カドミウム電池	1.2	可	アルカリ乾電池と互換性あり。自己放電少ない。	ノートパソコン，携帯電話，コードレス電話，電動歯ブラシ，シェーバー
ニッケル水素電池	1.2	可	アルカリ乾電池と互換性あり。有害なカドミウムを用いていない。	ノートパソコン，携帯電話，ハイブリッド車，電動アシスト自転車
リチウムイオン電池	3.7	可	高電圧で自己放電少ない。軽い。	携帯電話，ノートパソコン，ビデオカメラ，デジタルカメラ，電動工具
鉛蓄電池	2.0	可	多くの用途に対応できる蓄電池。重い。	自動車バッテリー，フォークリフト，無停電電源装置，非常用電源

＊ 二酸化マンガン・リチウム電池

（電池工業会ホームページ http://www.baj.or.jp/index.html をもとに作成）

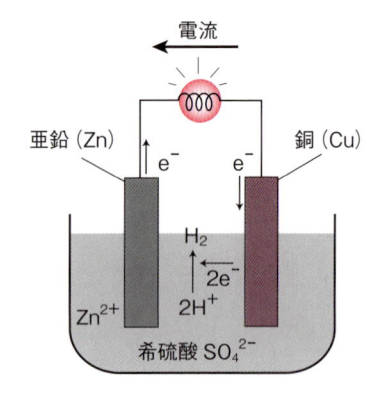

図5.3 ボルタ電池のしくみ

し使える電池が多く使われるようになりました。こうした充電可能な電池を**二次電池**といいます。これらの電池では，電子の授受を行う反応が可逆的に起こることが特徴です。充電型電池には，ニッケル・カドミウム電池，リチウム水素電池，リチウムイオン電池，鉛蓄電池などがあります。

ニッケル・カドミウム電池（ニカド電池）は正極にニッケルを含む物質，負極にカドミウムが使われており，両者の間で電子が可逆的に移動します。ニッケル水素電池では，ニカド電池で使われている，有害物質であるカドミウムを水素吸蔵合金という特殊な合金に置き換えているため，環境面でも評価され，需要が伸びています。世界最初のハイブリッド車にはこの電池が使われています。

そのほか，鉛蓄電池は安くて強力ですが重いことが欠点で，自動車，電車，病院や公共施設の非常用電源などに使われています。

5.5 燃料電池

先に述べたように，世界のエネルギー消費量の80％以上は，いずれは枯渇する化石燃料に依存しています。さらに，化石燃料は，燃焼によって発生する二酸化炭素による地球温暖化と，硫黄や窒素の酸化物による大気汚染や酸性雨を引き起こすことが問題（第2章参照）であり，より

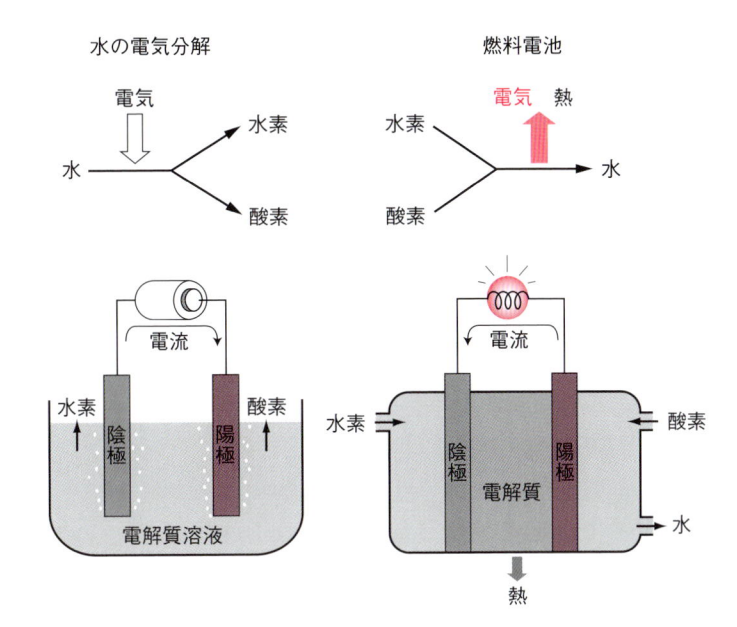

図 5.4　燃料電池

クリーンなエネルギーの開発が求められています。その中で，現在注目されているのは，燃料電池，太陽電池，バイオ燃料などです。

燃料電池の原理は，水の電気分解の逆です。水の電気分解では，電解質*を溶かした水に陽極と陰極の一対の電極を差し込んで電流を流すと，陽極に酸素が，陰極に水素が発生します。燃料電池では，電解質をはさんだ一方の電極に水素を，もう一方の電極に酸素を送り込むと，化学反応によって水と電気が発生します。その電気を取り出すわけです（図 5.4）。

発電に必要な酸素と水素のうち，酸素は空気中から取り出せますが，水素は天然資源としてはほとんど存在しません。そのため，天然ガスなどを材料としてメタノールをつくり，それから水素に変換して得ます。現在，地球環境対策を目的として，廃プラスチックやバイオマスをメタノールに転換する方法の開発が進められています。

燃料電池は，排出物が水なので非常にクリーンな環境にやさしいエネルギーであり，また，燃料のもつ化学エネルギーを直接電気エネルギーに変換するため，発電効率が高いという利点があります。燃料電池が理論的に出せる最大効率は 83％であり，現在 35～65％の発電効率に達しています。騒音や振動も少ないため，ノートパソコン，携帯電話などの携帯機器から，自動車，事業所や一般家庭用など，多様な用途や規模に対応できるエネルギー源として期待されています。

* 電解質
　水などに溶かしたとき，食塩（塩化ナトリウム），水酸化ナトリウム，硫酸などのように，陽イオンと陰イオンに分かれて，その溶液が電気をよく通すようになる物質をいいます。水の電気分解では，少量のこれらの物質を溶かして電気を通じます。

5.6 太陽電池

地球全体で1年間に受ける太陽エネルギーは約 180×10^{15} ワットです。そのうち，地上で実際に利用可能な量は 0.5％程度とのことですが，それでも現在の人類の全エネルギー消費量の約 50 倍に相当します。そこで，この膨大なエネルギーの利用が，エネルギーと地球環境の問題を解決する切り札になると考えられ，実用的な太陽電池の開発が進められています。

太陽電池は，太陽光のエネルギーを直接電気エネルギーに変換することができる点で，ほかの発電方法と全く違います。太陽電池は，高純度のシリコンなどを材料とした半導体*を使います。電子（マイナス電荷）を多く含む n 型半導体と，プラス電荷を多く含む p 型半導体を張り合わせ，両端に電極をつなげたものです（図 5.5）。

太陽光が当たると，二つの半導体の両方の接合面で電子（マイナス電荷）とプラス電荷が分離し，電子が n 型半導体，プラス電荷が p 型半導体の各電極部へ移動して，二つの電極間に電位差が生じます。電極間を導線でつなぐと，n 型半導体に集まった電子が導線を伝って p 型半導体へ移動することで電流が流れます。こうして光エネルギーから電気エネルギーへの変換が起こります。この電流を外に取り出します。

現在，電卓の 90％に太陽電池が使われているなど，限られた分野では実用化が進んでいますが，太陽光を集めるのに広大な面積を必要とすること，半導体をつくるための高純度のシリコンの製造に多くの費用とエネルギーを必要とするなどの課題があります。たとえば，日本の電力需要を全部まかなおうとすると，東京都のおよそ 3 倍の面積の太陽電池が必要であるといいます。

しかし，エネルギー変換効率が 40％を超える電池が開発されるなど

* **半導体**
電気をよく通す導体（金，銀，鉄などの金属）と電気を通さない絶縁体（ガラス，紙，空気など）の中間的な性質をもつ物質で，シリコンやゲルマニウムなどがこの仲間です。光や温度など周囲の影響により，電気を通したり，通さなかったりする性質があり，太陽電池のほか，デジタルカメラ，温度センサー，コンピュータのメモリーなど広い分野で利用されています。

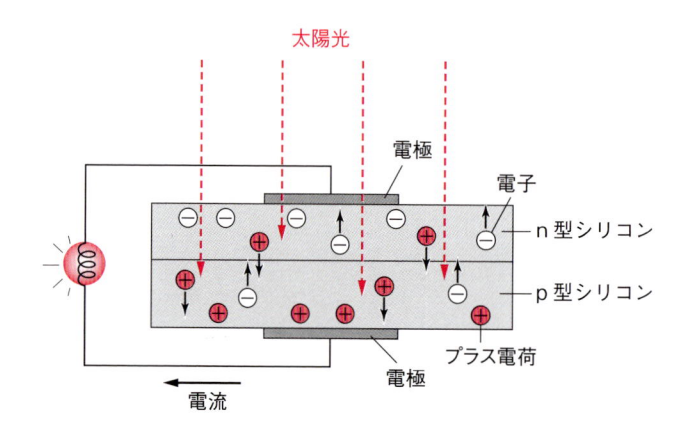

図 5.5　太陽電池

高性能化と，一般市場向けの製品では低コスト化が進んでおり，今後ますます市場が拡大していくことが期待されています。なお，2004年までは，太陽電池の生産量や個人住宅での発電量は日本が世界トップでしたが，最近は，発電量はドイツに次いで2位となりました。

5.7 バイオマス燃料

バイオマスという言葉は，もともとは生物量という意味ですが，最近はもっぱら，エネルギーとしての利用を目的とした生物資源，とくに植物資源を指しています。地球上で1年間に生産されるバイオマス量を炭素に換算すると，世界で消費されるエネルギー量の約10倍に相当するとのことです。バイオマスは再生可能なエネルギー源ですが，新たに生産されるバイオマスは地球全体に分散しているので，それらを集めて有効なエネルギーに変換するのにエネルギーがかかるため，まだ十分には活用されていません。

現在，バイオマスとして利用されているのは，トウモロコシ，サトウキビ，木材，紙，プランクトン，さらに，食用油，生ゴミ，おがくず，トウモロコシの茎，家畜の糞尿，動物の死骸などの有機廃棄物で，有機物なら何でも利用可能です。

バイオマスの利用には，直接燃やして発電や熱源に利用する場合と，微生物により発酵させてメタンガスやエタノールを取り出し，これらを燃焼して熱源，発電，自動車用燃料などに利用したり，これらから水素

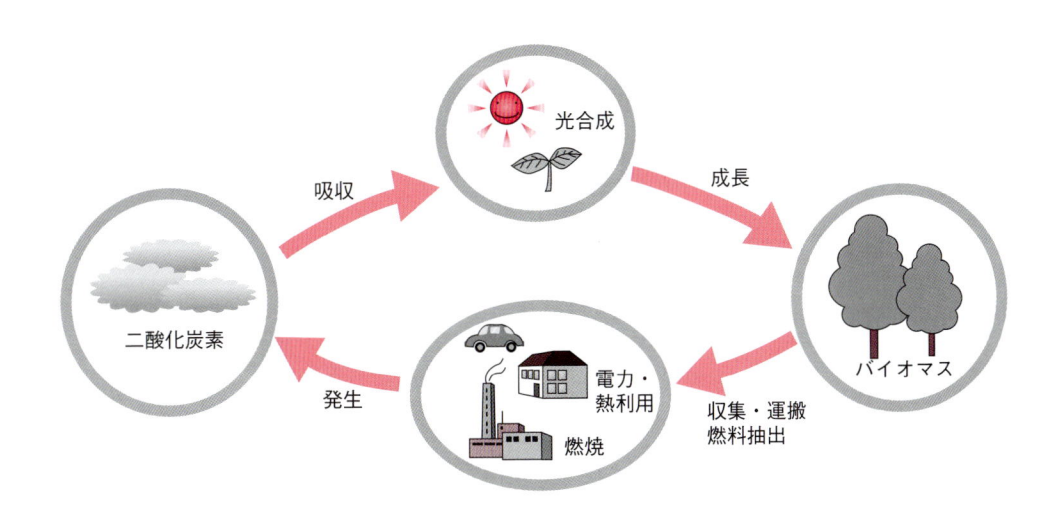

図 5.6 カーボンニュートラルの考え方

を取り出してそれを燃料電池に利用する場合があります。

　これらの原料は，植物の光合成によって固定された大気中の二酸化炭素に由来することから，たとえばエタノールの燃焼によって二酸化炭素が大気中に放出されてもその総量は変化せず，炭素が循環するに過ぎないとの考えがあり，これを**カーボンニュートラル**といいます（図 5.6）。

---

column 新しいエネルギー資源 ―燃える氷・メタンハイドレート―

　日本のエネルギー自給率は極めて低く，外国からの供給に頼っていますが，最近，新しいエネルギー資源が日本近海に存在することがわかり，日本のエネルギー事情が少しは改善されるだろうと期待が寄せられています。永久凍土や，大陸周辺の低温で高圧の深海に埋蔵されているメタンハイドレートです。

　メタンハイドレートは，水分子がつくるかご状の構造の中にメタンが閉じ込められた物質です。見た目は氷に見えますが，火をつけると燃えるため「燃える氷」と呼ばれることがあります。日本近海，とくに，静岡県から高知県の沖の南海トラフと呼ばれる地域をはじめ，北海道周辺と新潟県沖，南西諸島沖は世界でも有数の埋蔵量が多い地域とされています。これらの地域に，日本の天然ガス消費量のおよそ 100 年分が埋まっているとのことです。

　しかし，現在の技術では採掘などに費用がかかり，採算が取れない状況で，今後の技術開発が待たれています。また，メタンは二酸化炭素の 20 倍もの温室効果があるので，海中に湧き出したメタンが大気中に出ることによって，地球温暖化の一因になるとの危惧もあり，上手な利用法が求められます。

第2部 くらしを知る

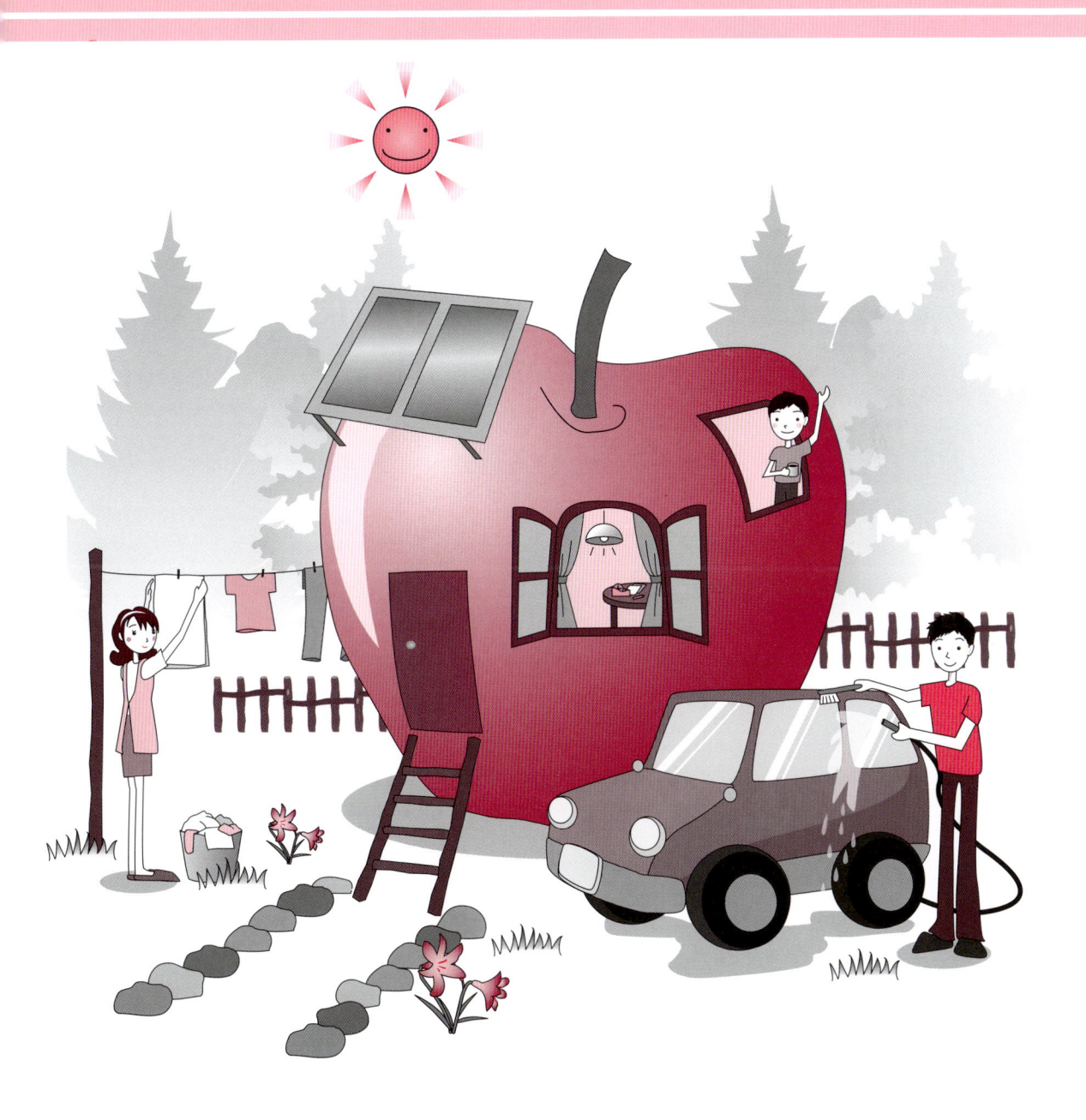

第6章 不思議な水の性質

　水は，私たちに最も身近な物質ですが，ほかの物質がもたない特別な性質をもった変わった物質でもあります。そして，そのことが，水がいのちや暮らしに必須である理由ともなっています。水の不思議な姿と，暮らしの中のさまざまな現象とのつながりを見てみましょう。

6.1　氷・水・水蒸気の3つの状態の変化

　水を熱すると蒸発して水蒸気になり，反対に冷やすと氷になります。温度を上げるに従って，固体の氷から液体の水，さらに気体の水蒸気へと変化します。一般に，物質は温度の上昇とともに，固体から液体，気体へと変化しますが，水は，一つの物質で固体から気体までの3つの状態を日常生活の中で見ることができる数少ない物質の一つです（表6.1）。

　固体，液体，気体という状態の違いは，分子の集合の仕方に違いがあることによります。固体（結晶）では，各分子は決まった位置に決まった方向を向いて三次元にわたってきちんと整列しています。液体では，位置も方向も規則性がゆるみ，分子は動き回っています。気体になると，

表6.1　水と主な物質の性質

	融点 (℃)	沸点 (℃)	比熱 (cal/g·deg*)	融解熱 (cal/g)	蒸発熱 (cal/g)
水	0.0	100.0	1.0	79.7	539.8
エタノール	−114.5	78.3	0.55	26.1	200
メタン	−183	−162	0.53	—	121.6
アンモニア	−78	−33	0.38	—	327.1
硫化水素	−85.5	−60.7	0.23	—	130.9
酢酸	16.7	118	0.49	46.8	96.8
水銀	−38.9	356.7	0.033	2.7	70.6

＊ 1gの物質を1℃上げるのに必要な熱量（cal：カロリー）。なお，calという単位は，特別な分野（たとえば栄養学）以外では現在使われておらず，比熱はJ/g·K（K：ケルビン。温度の単位で，絶対零度（−273.15℃）を0とし，1度の大きさは摂氏と同じ）で表されている。1 cal/g·K = 4.184 J/g·K。

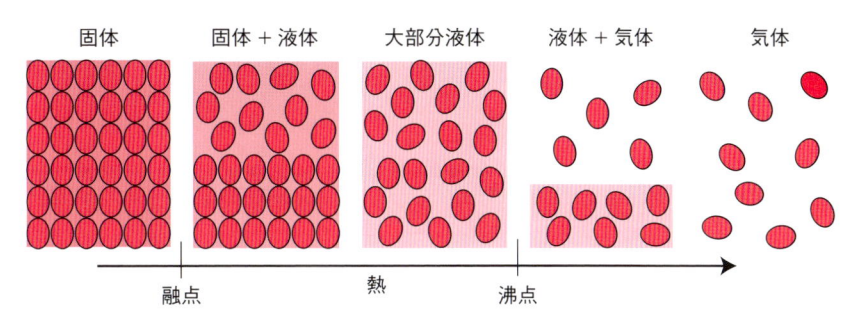

図 6.1　物質の状態変化

固体　　固体 + 液体　　大部分液体　　液体 + 気体　　気体

融点　　　　　熱　　　　　沸点

分子は広い空間をもっと自由に飛び回っています (図 6.1)。

　液体と気体とでは，動き回っている分子の間の距離に大きな違いがあります。液体の分子間の距離は，固体のものとほぼ同じです。そのため，ふつう，固体から液体になっても体積はほとんど変わりません。水の場合は，液体の状態のときの体積と比べると，水蒸気では約 1200 倍，氷ではほかの物質と違って約 10 % 増えます。

　液体の中では，分子は分子同士の力によって互いに引き合っています。しかし，液体の表面にいる分子の中には，分子間の力を引きちぎって空中に飛び出すものもあります。同時に，空中に飛び出した分子の中には，再び液体の中に戻ってくるものもあります。このように，液体の表面では，空中へ飛び出す分子と戻ってくる分子の両方が存在します。空中へ飛び出した分子が気体分子です。

　温度が高くなると，分子運動が活発になり，空中へ飛び出す分子の個数が増えます。空中へ飛び出した分子 (気体分子) による圧力を，その液体の**蒸気圧**といいます。温度が上がると蒸気圧は高くなります。やがて，蒸気圧がそのときの気圧に等しくなります。そのときの温度が**沸点**で，その状態が**沸騰**です。水は，1 気圧のとき 100 ℃に熱すると，水蒸気の圧力も 1 気圧となり沸騰します。沸点は気圧によって変化します。高い山の上のように気圧の低いところでは 100 ℃より低い温度で水が沸騰するのはこのためです。

6.2　氷はなぜ浮く？

　グラスに水と氷を入れれば，必ず氷は浮きます。ふつうの物質は，液体から固体になると体積は縮小し，密度が大きくなり重くなります。それは，液体の分子は流動していて隙間があるのに，固体の分子は密に並んでいるからです。それなのに，なぜ氷は水より軽くて浮くのでしょう。

　製氷皿に水をいっぱいに入れて凍らせたとき，できた氷が容器から盛り上がっていることを経験したことがあるでしょう。上で述べたように，

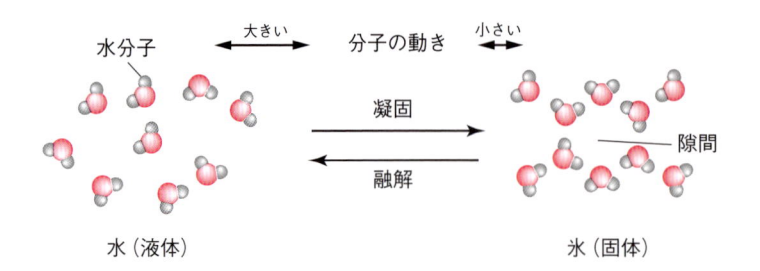

図6.2 水分子の状態変化（水と氷の違い）
氷では，水分子の向きがほぼ固定された三次元の固まりをつくっていて，内部に隙間があるが，水では，分子は比較的自由に運動していて，向きも自由である。

水は凍ると体積が増えます。水の場合は，液体のときより固体のときの方が，分子の間に隙間があるのです。

氷では，水分子はある方向でしか互いに引き合うことができません。水の分子がきちんと集まったとき，六角形のかごが立体的に積み重なったようになります。そのため，間に隙間ができてしまい，全体としてかさばってしまうのです (図6.2)。

水は，ほかの液体と同じように，温度が下がるとともに体積が小さくなり，密度が大きくなるので重くなります。お風呂の表面と底で温度の違いがあることは経験しているでしょう。これは，熱いお湯は軽いので上に上がり，温度の低い水は重いので底に沈むからです。しかし，水の場合は不思議なことに，4℃より下がると再び体積が膨張して密度が小さくなり軽くなります。さらに温度が下がって氷になると，さらに体積が増えて水より軽くなります。寒い冬，湖や池が凍るとき表面から凍るのはこのためです。

6.3 水はなぜほかの物質と違うか

固体の氷の方が液体の水より軽いように，水は，私たちのまわりのほかの物質と異なる性質を数多くもっています (表6.1)。それは水分子の特別な性質によります。

水の分子式は H_2O で，1個の酸素原子と2個の水素原子が結合しています。これらの原子は一直線ではなく，直角よりちょっと広い角度 (104.5°) でつながっています (図6.3)。

原子の中には，電子を放出してプラスに荷電しやすい原子と，電子をもらってマイナスに荷電しやすい原子があります。水素はプラスになりやすい原子で，酸素はマイナスになりやすい原子です。これらが結合すると，酸素はよりマイナス，水素はよりプラスに偏ります。このような水分子が互いに近寄ると，ある水分子の水素原子と，別の水分子の酸素原子が引きつけ合います。その結果，分子と分子が水素原子を挟んだ状態でつながる形になります。このつながりを**水素結合**といいます。

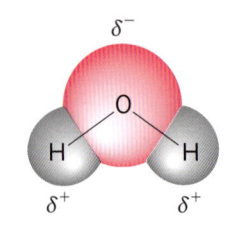

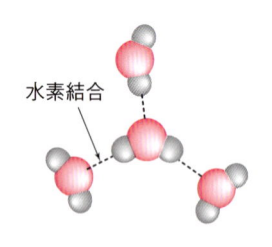

**図6.3　上：水分子と
　　　　下：水素結合**
δ^+ はやや正に，δ^- はやや負に帯電していることを表す。

> ### column
> ## フリーズドライ法
>
> 粉末コーヒー，カップ麺，味噌汁，卵スープ，野菜類など，乾燥状態で，室温で長期に保存ができ，熱湯を注ぐだけで手軽にもとに戻る食品がたくさん出回っています。いずれも，フリーズドライ(凍結乾燥)法でつくられています。この方法は，凍らせてから真空にすることにより乾燥させる方法です。
>
> 水は気圧が低くなると沸点が下がり，0.006気圧という真空に近い状態では沸点と融点が0.01℃で同じになり，それ以下の気圧にすると，または気圧はそのままで温度をわずかに上げると，氷から直接気体(水蒸気)になります。そこで，食品をまず凍らせてから0.006気圧以下に下げると，凍った食品の水分は一気に水蒸気になり，乾燥させることができます。ドライアイスや防虫剤が固体からいきなり気体になるのと似ています。
>
> フリーズドライ法では熱をかけずに乾燥させるため，栄養分，品質，風味などを損なわずそのままの状態で保存できます。また，固体からそのままの形で水分が抜けただけなので多くの孔があいており，お湯で戻すのも速いのです。熱に弱い抗生物質やタンパク質など医薬品の製造にも利用されています。

水素結合は大変弱い結合ですが，すべての水の分子が互いにこの結合で，決まった方向で引き合っています。このことが，水がほかの物質とは異なる特別な性質をもつ理由となっているのです。

6.4 水は暖まりにくく冷えにくい

海岸地方では，日中は海から陸に，夜は陸から海に向かって風が吹き，それぞれ海風，陸風と呼ばれています。一年の間でも，夏は太平洋側から吹く南風が多く，冬は西高東低の気圧配置になり，シベリアからの寒気がやってきます(図6.4)。

この現象は，海水と陸との暖まりやすさと冷えやすさの違いによります。太陽が当たると陸地はすぐに温度が上がり，暖められた空気は上昇します。一方，海はなかなか暖まらず，空気も陸より冷たいため海から陸に向かって空気が流れます。逆に夜や冬は陸地で

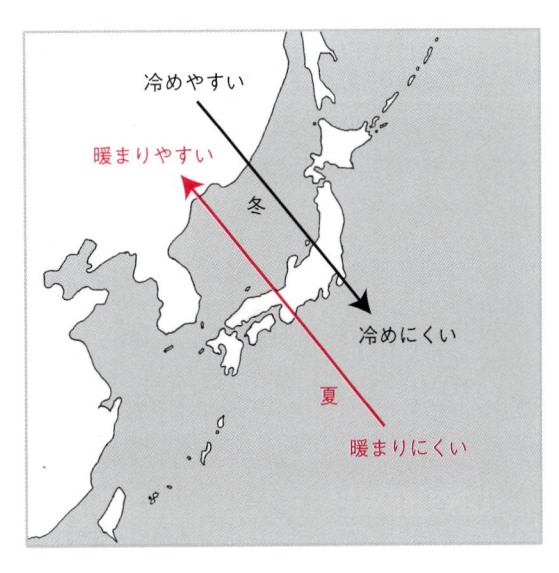

図6.4 夏風と冬風

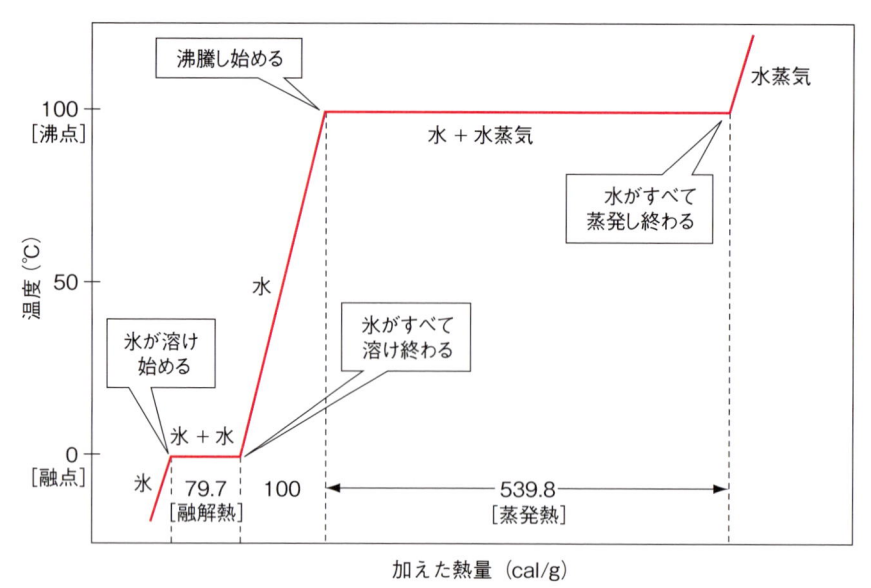

図6.5 水の状態変化と温度，融解熱，蒸発熱
氷に熱を加えていったときの水の状態変化。水が0℃から100℃になるのに必要な熱量に比べ，蒸発に必要な熱量が非常に大きいことがわかる。

はすぐに温度が下がり空気も冷えますが，海はなかなか冷めないので空気も軽くて上昇します。そこへ陸地の冷たくなった空気が流れ込むのです。

物質の暖まりやすさ，冷めやすさの度合いを**比熱**といいます。比熱とは，物質1gの温度を1℃上げるために必要な熱量です。水はさまざまな物質の中で最も暖まりにくく冷めにくい，つまり，比熱が大きい物質です(**図6.5**，表6.1)。

物質は暖められると分子間のつながりが弱まって，離ればなれになりやすくなります。水の場合は，水素結合により，分子と分子の結びつく力がほかの物質より強いのです。そのため水分子は，ほかの物質よりも大きな熱を与えられないと分子と分子が離れることができないので温度が上がりにくく，また逆に，分子の結合がいったん離れると今度はつながりにくくなり，冷めにくいのです。

液体が蒸発して気体になるためには，さらに熱を加えなければなりません。このとき，液体1gが同じ温度の気体になるのに必要な熱量を**蒸発熱**または**気化熱**といいます。水は蒸発熱も非常に高い物質です(表6.1)。これは言い換えると，水が蒸発するときまわりから大量の熱を奪うということです。汗をかくことにより体温が下がるのも，打ち水で涼しく感じるのもこの理由によります。

固体が同じ温度の液体になるときにも，まわりから熱を奪います。これを**融解熱**といいます。氷が溶けるときも，水素結合により結びつけら

れていた分子と分子がバラバラに引き離されなければならないので，ほかの物質の固体が液体になるときよりも多くの熱が必要になります。

地球において砂漠以外では，昼と夜の温度差が30℃を超えることはありません。しかし，砂漠では一日の温度差が50℃に達することがあります。また，月では昼の温度が110℃，夜の温度が−180℃と，温度差が非常に大きいといわれています。これらの違いの大きな理由の一つは水が存在するかどうかの違いです。比熱や蒸発熱，融解熱の大きい水が温度の変化を抑えているのです。

6.5 表面張力と毛管現象

グラスに水をいっぱいについだとき，水面がグラスから盛り上がってこぼれそうなのにこぼれないのは，しばしば経験することです。また，サトイモなどの葉の上の水玉は丸い形をしています。これらは水の**表面張力**のためです。

表面張力は，液体中の分子同士が引っ張りあって，表面の面積をできるだけ狭くしようとする力です。液体の内部にある分子は，あらゆる方向の分子と引き合っています。ところが，液体の表面にある分子は，空気に触れている側には液体の分子がないので，空気側からは引っ張られません。内側と横側からのみ引っ張られるので丸くなるのです。液体はこのような性質をもっていますが，中でも水は非常に大きな表面張力をもっています。これも水の分子間の強い結びつきによります。

水の中にタオルや紙をつけると，水はどんどんしみてきます。このように，水が細い管や隙間に引き寄せられていくことを**毛管現象**といいます。毛管現象が起こるためには，まず毛管をつくっている物質が水と結びつきやすいことが重要です。たとえば，ガラスは親水性であるため，水分子はガラスに引き寄せられます。するとその分子は，隣り合う水分子を表面張力によって引っ張ります。毛管をよく見ると，水の場合は真ん中が低くなり毛管の壁側が高く上っています（**図 6.6**）。

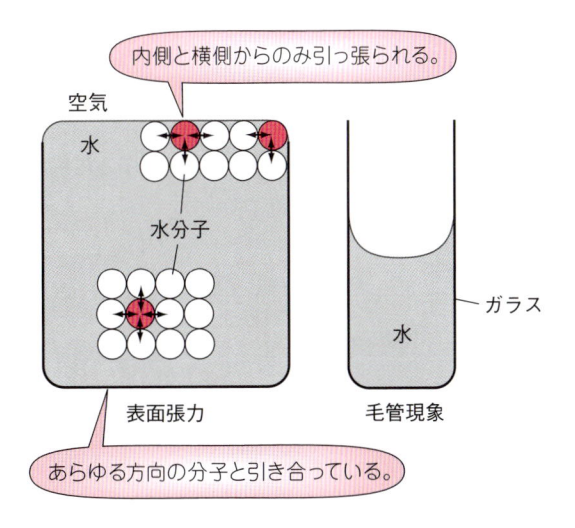

図 6.6 表面張力と毛管現象

6.6 完全に純粋な水は存在するか？

　水は，物質を大変溶かしやすいという性質をもっています。たとえば，食塩だと1Lの水に360gを溶かすことができます。自分の重さの3分の1以上の物質を溶かしてしまうのです。固体だけでなく，アルコールのような液体も水とよく混じり合うし，酸素のような気体も水に溶け込みます。しかし，油のように水と混じり合わないものもあります。物質が溶ける，溶けないということについては第8章で説明します。

　「混じりけのない天然水」，「純水」という表現がミネラルウォーターなどの宣伝に使われることがありますが，化学的には正しくありません。海水や地下水などには，鉱物や金属などを含むさまざまな物質が溶けています。金属イオン（Na^+，Ca^{2+}，Mg^{2+}など）だけでなく，塩化物イオン（Cl^-），アミノ酸や糖などの有機化合物，二酸化炭素，酸素をも溶かします。自然な水ほどいろいろな物質が溶け込んでいて，純粋な H_2O だけの水は自然界には存在しません。第1章のコラム(p.12)で説明したように，ミネラル分などがいっさい含まれていない水はおいしくは感じません。

超純水

　水は，さまざまな物質を溶かしやすいので，完全な純水(理論純水)を得ることはほとんど不可能ですが，これに限りなく近い超純水が特定の目的でつくられています。たとえば，コンピュータなどの心臓部であるIC(集積回路)＊チップをつくるとき，基板に回路をプリントした後，薬品を洗い落とす水です。

　チップは数ミリ角のスペースに数十万個の素子が存在し，その間を結ぶ回路の線の幅は$2\mu m$程度ですから，もし電気を通す金属などの不純物が存在すると回路がショートしてしまいます。したがって，チップの洗浄に使われる水は極めて純粋でなければなりません。

　現在，最先端の設備で製造されている超純水に含まれる不純物の量は，$0.01\mu g/L$(1L中に1億分の1g)ほどです。製造された超純水はガラス配管の使用はもちろん，空気に触れさせることもできません。半導体製造工程のほか，医薬品の製造などに用いられています。

＊**IC(集積回路)**
　ICはintegrated circuitの略。電子回路に必要なトランジスタ，ダイオード，抵抗，コンデンサーなどの部品(素子)をまとめ，配線も含めて一つの基板の上につくり，一つの部品として使えるようにした回路です。超小型回路で，1辺が2mm程度の基板上に数十ないし数百個程度の部品(素子)からなる小規模のものから，数万個から数百万個の部品(素子)を組み込んだ超大規模集積回路(超LSI)と呼ばれるものなどがあります。非常に小さな装置で多くの情報を処理することができ，また個別部品を組み合わせた回路に比べはるかに信頼性も高く，コンピュータをはじめ身のまわりのほとんどの電子機器に利用されています。

第7章 ものが燃えるとは

　人間とほかのすべての動物との最も大きな違いは「火」の使用です。火の使用は人類最初の革命的な発見といわれており，暖や明かり，調理，エネルギー源など，火の使用は人間の生活に大きな変化をもたらしました。火とは？　燃えるとは？　また，それを制御するにはどうしたらよいのでしょう。

7.1 燃えるということは…

　物質と酸素が結びつくことを**酸化**といいます。ものが燃える・燃焼というのは，この酸化反応が光と熱を出して激しく起こる状態をいいます。そして，この光と熱が**火**です。生体内で起こる緩やかな酸化反応（たとえば，グルコースが酸化されて水と二酸化炭素になる過程でエネルギーを得る反応，第14章参照）も燃焼と呼ぶことがあります。

　ロウソクが燃えるときは，火をつけると，まず，ロウが溶けて液体となりそれが芯を伝わっていき，さらに蒸発して蒸気になり，それが燃えます。つまり，ロウ（炭素を含む有機物）がまず液体となり，それが気化して可燃ガスとなって酸素と反応するのです。そして，その結果，二酸化炭素と水が生成します（図7.1）。

　木や紙が燃える場合には液体にはなりませんが，酸素と反応する前に熱によって分解され，木ガス（水素，メタン，一酸化炭素）や木酢（酢酸，メタノール，アセトン，酢酸メチル）や木タール（芳香族炭化水素*，フェノール類）の成分が気体として生成し，それらが燃えて炎をあげます。気化した可燃ガスが酸素と反応し，燃えるという現象が起こるのです。

　タバコ，炭，線香が燃えるときは炎が上がりません。これらの場合は，物体から可燃性ガスが出ずに，高温に熱せられた物体の表面が空気と接触して酸化が起こっています。木炭は，これをつくるとき，空気の供給が少ないところで熱して水や揮発性の成分が出てしまったものなので，可燃性ガスはもう出ず炎はたちません。ときには炎が上がるときがあり

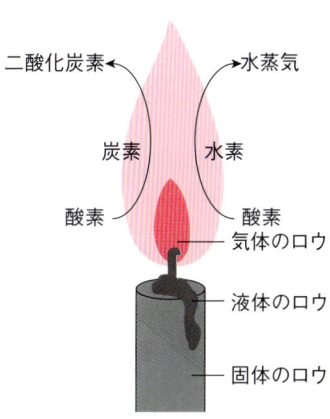

図7.1　ロウソクの燃焼

＊ 芳香族炭化水素

　ベンゼン環 ⬡ を含む化合物をいいます。基本となる，構造が最も単純なベンゼン（C_6H_6）は正六角形の平らな環状の分子です。19世紀ごろ知られていたこの種類の化合物のにおいが芳香であったのでこう呼ばれましたが，においがこれらの化合物の特徴ではありません。（次頁へ続く）

ますが，火が強いとき，炭が速く燃えるため酸素が足りなくなって，すべてが二酸化炭素になることができず，一部が不完全燃焼により一酸化炭素として発生し，これがさらに燃えて炎を出しているのです。炎は気体が燃えているときのみ出るものです。

> フェノール類はベンゼン環にヒドロキシ基(OH基)が1個あるいは数個結合した化合物です。その最も簡単なものは，ベンゼン環にヒドロキシ基が1個結合したフェノール(石炭酸)で，消毒剤として使われます。

7.2 ものが燃えるためには…

　ロウソクから芯を取ったものに，マッチの火を近づけてもなかなか火はつきません。ロウソクは燃えるものをもっているし，空気中には酸素がたくさんあります。マッチの火で熱を加えてもいます。では，なぜ火がつかないのでしょう。

　この場合，マッチの熱がロウの固体に逃げてしまい，一部を液体に変えますが，ロウの温度が上がらないためにロウの蒸気を十分に発生させることができないので，火がつかないのです。あらかじめロウを液体にしておいても，マッチではなかなか火をつけることはできません。この場合も，マッチの熱が液体のロウに逃げてしまい，十分な蒸気を発生させることができないためです。

　火がついてしばらく燃えるためには，酸化反応のスピードを維持する必要があります。十分な反応速度を保つために，温度を高くした状態を保たなくてはなりません。いったん火がつくと，酸化反応によって生まれた熱が次の酸化反応を促して，燃え続けることができます。最初は，効率よく，急速に可燃物を酸化させ，熱を生み出すことが重要なのです。

　やがて，可燃物がなくなるか，必要な酸素が不足するか，酸化反応を続けるのに必要な熱を別のものに奪われるなどのことが起こると，火は勢いが衰え，消えてしまいます。

　したがって，ものが燃えるためには，酸化反応を起こす酸素，酸素と結びつく可燃物，そして，最初に十分な酸化反応を起こさせるための熱が必要です。**酸素，可燃物，熱**を**燃焼の三要素**といい，これらが揃わないと燃焼は起こりません。

7.3　引火と発火

　天ぷら油(植物油)は，常温では火を近づけてもなかなか燃え出しません。気体になりやすく，非常に燃えやすいものですから，常温でも酸素と反応して燃え出すと思われますが，そのようなことはありません。燃焼の三要素のうちの熱が十分でないからです。常温での酸化反応の速度が極めて遅く，たとえ多少反応して温度が上がったとしても外界より

表 7.1 物質の引火点と発火点

物　質	引火点（℃）	発火点（℃）
ガソリン	−45	246
灯油	35〜60	260
軽油	45〜60	250
植物油（天ぷら油）	225〜260	360〜380
メチルアルコール	11	385
エチルアルコール	13	363
黄リン	—	60
イオウ	—	190

図 7.2 酸素・可燃物・熱

も少し高い程度であり，熱がまわりに逃げてしまって十分に温度が上がらないからです。

しかし，フライパンなどに入れ加熱すると，約260℃で白煙（油の蒸気）が出始め，約320℃になると，マッチなどの火源を近づけると煙が一瞬にして炎に変わり燃え出します。このように，可燃性物質を加熱していき火源を近づけると燃え出す現象を**引火**といい，引火が起こる最低温度を**引火点**といいます（表 7.1）。

さらに加熱していくと，火源を近づけなくても自然に燃え出します。そのような状態を**発火**といい，そのときの温度を**発火点**といいます。植物油の場合は約360℃です。液体ばかりでなく，紙や木のような固体でも，温度を上げれば自然に発火します。たとえば，木の発火点は400〜470℃です。古代人は，木をこすり合わせることにより摩擦熱でこの温度まで上げて火を起こしたのです（図 7.2）。

同じ紙や木でも，水分を含んでいると燃えにくいのですが，これは，6.4節で述べたように，水は気化するときにまわりの物体から熱を奪うという性質があり，そこに存在するすべての水が蒸発してしまうまで紙や木から熱を奪うため，燃焼に必要な温度に達しにくいためです。

7.4　燃えるものと燃えないもの

木や紙など，身のまわりの多くのものは燃えますが，石はふつう燃えることはありません。しかし，同じように硬いものでも，多くの金属は燃えます。たとえば，鉄は，熱を奪われやすい塊の状態では燃えませんが，スチールウールの形になると燃えることができます。マグネシウム，アルミニウム，ナトリウムなどは，鉄よりずっと燃えやすい金属です。燃えるものと燃えないものの違いはどこにあるのでしょう。

最初に述べたように，ものが燃えるということは酸素と反応することです。木や紙などは炭素を含む有機物ですが，これらが酸素と反応して

二酸化炭素になるとき，燃えるという現象が起こります。二酸化炭素になると，それ以上酸素と結びつくことができないので燃えるということは起こりません。

金属，とくに純粋な金属は酸素と反応する余地があり，燃えることができます。しかし，石や岩石の多くは，二酸化ケイ素 (SiO_2) や炭酸カルシウム ($CaCO_3$) のように，すでに十分酸素と結合した化合物になっているので，ほとんど燃えることはありません。

7.5 煙・すす・灰の正体は？

木や紙などを燃やしたとき，可燃性になった成分の中には酸素と反応できず気体のまま離れていくものがあります。これらの中で，火から離れて冷えて液体や固体の非常に小さな粒になるものがあります。それらの微粒子が私たちの目に煙として見えるのです。たとえば，木酢や竹酢は，木や竹を焼いて炭をつくったときに出た煙が冷えて液体としてたまったものです。

可燃ガスの中に含まれる成分によって煙の色も変化します。また，火事のときに出る煙にはいろいろな可燃物から発生した有毒ガスが含まれており，非常に危険です。

ロウソクや油を燃やしたとき，黒い煙がでて，それがすすとしてたまりますが，すすは炭素の微粒子からなります。毛筆に使う墨は，松や油を燃やしたときのすすを集めて香料を加え，ニカワ (膠，p.75) で固めたものです。

有機物を燃やした後に燃え残った灰は，有機物に含まれていた，または熱によって新しくできた燃えにくい物質で，炭酸カリウムや炭酸ナトリウムなどの無機物を多く含んでいます。一方，炭は，木や竹が完全に燃えてしまわないように温度と酸素 (空気流入量) を調節して，主成分であるセルロース (13.2 節参照) を分解して，炭素の塊にしたものです。

* ヘモグロビン
　赤血球に存在し，酸素を運搬するタンパク質で，名前はヘム (鉄を含む有機化合物) とグロビン (タンパク質) からなることによります。血液の赤い色はヘモグロビンの中のヘムの色で，酸素と結合したヘモグロビンは鮮紅色で動脈血の色，結合していないヘモグロビンは暗赤色で静脈血の色をしています。

7.6 不完全燃焼

炭素を含む物質 (主に有機物) が完全に燃焼したとき発生する二酸化炭素は，空気中の濃度が 3 〜 4 ％を超えると頭痛，めまい，吐き気などを催し，7 ％を超えると数分で意識を失います。

さらに恐ろしいのは，酸素の供給が不足したため不完全燃焼することにより発生する一酸化炭素です。一酸化炭素は，血液中のヘモグロビン*との親和性が酸素の約 250 倍も強く，酸素に代わってヘモグロビンと結

合してしまいます。その結果，酸素が体内に行き渡らなくなり，細胞が酸素を使ってエネルギーをつくることができなくなります。空気中にわずか 0.02％ (空気中の酸素濃度の 1000 分の 1) 含まれているだけで頭痛や吐き気などの中毒症状を起こし，0.2％で死亡するといわれています。一酸化炭素は，無味，無臭，無刺激のため自分では気づかないことが多く，大変危険なものです。

7.7 消 火

　可燃物が燃え続けているのは，可燃物のほかに，酸素の供給と十分に高い温度のもとに，酸化反応が続いている状態です。したがって，消火を行うには，これらの因子のいずれかを除けばよいのです。

　江戸時代の火消しではもっぱら可燃物の除去が行われましたが，現在は，冷却法，窒息法，負触媒法の 3 つの方法のいずれかが行われています (図 7.3)。冷却法とは，燃焼物を冷却することにより，発火点以下の温度にして消火する方法です。火に水をかけて消すのがこれに当たります。水の蒸発熱が大きいことを利用し，燃焼中の物体の温度を急速に下げて火を消します。ただし，天ぷら油などによる火災の場合には，水をかけると急激に大量の水蒸気が発生して発火した油が飛び散ったり，水より軽い油が水面の上を広がるため火も広がったりして，かえって火災を大きくすることになります。

　窒息法は，燃焼している所への酸素の供給を遮断したり，濃度を低くして消火する方法です。アルコールランプやロウソクにキャップやコップをかぶせたり，敷物，布などで覆って火を消すのがこの例です。また，濡れた雑巾やタオルなどをかぶせるのは，冷却法と窒息法の両方を利用しています。

　負触媒法は，火の中で起こる化学反応を抑えることによって消火する方法です。可燃物が直接酸素と反応することを阻止する粉末 (負触媒) を両者の間にまきます。現在最も普及しているのが，リン酸二水素アンモニウムを用いた ABC 粉末消火器と呼ばれるものです。ABC というのは，A 火災 (ふつう火災：木材，紙，繊維などの火災)，B 火災 (油火災：ガソリン，灯油，天ぷら油などの火災)，C 火災 (電気が関係する火災) のことを指し，これらの火災いずれにも有効なことを示しています。

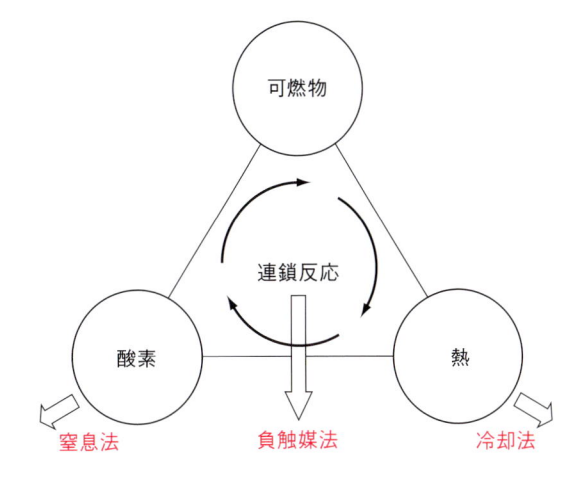

図 7.3　消火法

さび・使い捨てカイロ・脱酸素剤

　鉄を濡れたまま放置しておくとさびてしまいます。水中に立てた鉄の棒では，水の中に浸かっている部分より，空気中との境界の部分で最もさびています。さびは，鉄が水分子の助けにより空気中の酸素と反応して，赤褐色の酸化第二鉄 (Fe_2O_3) ができる酸化反応によります。

　鉄の酸化反応は発熱反応ですが，さびるときには反応が非常にゆっくり進むので熱として感じることはありません。しかし，この発熱を積極的に利用したのが使い捨てカイロです (図)。使い捨てカイロでは，外袋は空気を通さないプラスチック，内袋は空気を通すように工夫された不織布からなり，中には鉄粉と水が入っています。外袋を破ると空気 (酸素) が中に入って鉄と水とに接して酸化反応が起こり，熱が発生します。酸化反応が一気に起こると熱すぎるし，ゆっくり起こっては暖かくなりません。この反応を制御するために，さらに活性炭，食塩，木粉などが入っています。

　カビが生えやすい食品や，酸素により品質が変化する食品の袋には，酸素を取り除くために脱酸素剤が入っています。脱酸素剤には鉄粉が使われています。食品は多かれ少なかれ水を含んでいるので，この場合もさびや使い捨てカイロと同じ反応が起こり，鉄が酸化反応を受けることにより酸素が取り除かれるのです。

　このように，さび，使い捨てカイロ，脱酸素剤は，関係がないように見えますが，いずれも鉄が酸素により酸化されるという同じ反応が起こっているのです。水を介している点が燃焼とは違います。

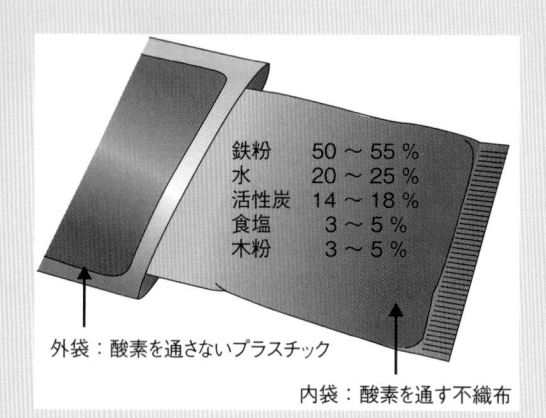

鉄粉	50〜55 %
水	20〜25 %
活性炭	14〜18 %
食塩	3〜5 %
木粉	3〜5 %

外袋：酸素を通さないプラスチック
内袋：酸素を通す不織布

図　使い捨てカイロの成分

第8章 溶ける・洗う

　私たちの身近にある液体には純粋なものはほとんどなく，多くの場合別のものが混じっています。混じり方にもいろいろあり，ほとんど透明に溶け合っているものから，固体に近い乳液のようなものまであります。また，水と油のように混じり合わないものもあります。一方，洗うということは，汚れたものから汚れを洗濯液の中に取り出し混じり合わせることです。暮らしの中の混じり合うこと，溶け合うこと，洗うことのしくみを調べてみましょう。

8.1　溶けるということは…

　砂糖や食塩は水によく溶けます。砂糖の固体の中では，砂糖（化学的にはショ糖あるいはスクロースといいます）の分子が互い同士引きつけ合って結びつけられていますが，水の中に入れると分子間の結合がはずされ，分子が固体から遊離します。すると，水分子がショ糖分子を覆うように結合します（**水和**）。ショ糖分子は互いに再び結合できず，バラバラになり水の中に分散します。これが**溶ける（溶解）**ということです（図 8.1）。

　食塩（塩化ナトリウム）の場合も，結晶中で互いに結合しているナトリウムイオンと塩化物イオンとが水中では各々のイオンに解離します。その後，水の分子により水和され，分散することによって水に溶けた状態になります。

　砂糖や食塩のように水に溶けやすい物質は，その分子中にヒドロキシ基 (OH 基) などの水に親和性のある原子団があるか，分子の中で電荷が偏っているか，あるいはイオン対をつくっているものです。

　6.3 節で説明したように，水分子の中では酸素原子は負に，水素原子は正に電荷が偏っています。そこで，溶けている分子の，正に電荷が偏った部分や陽イオンに水分子の酸素原子が，負に電荷が偏った部分や陰イオンに水素原子が引きつけられ水和します。

　水に安定して溶けるのは，溶けている分子同士の結合よりもその分子

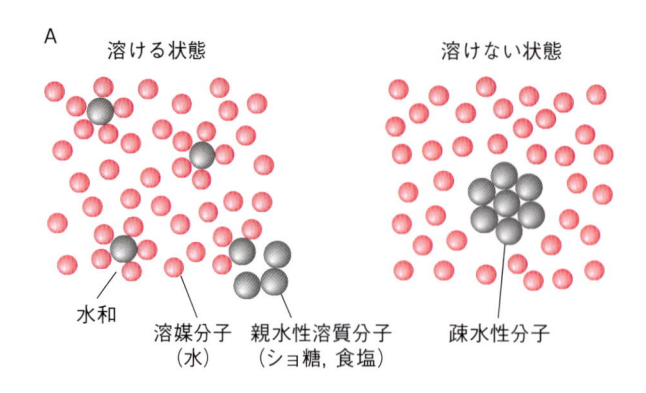

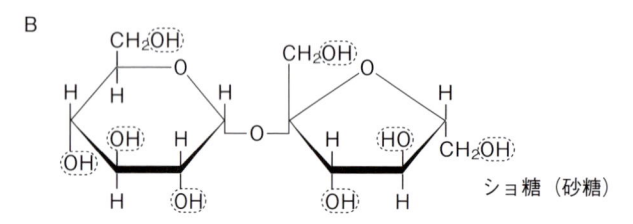

図 8.1 溶ける状態と溶けない状態

と水分子との相互作用の方が強い場合です。水分子との相互作用が弱ければ，すぐに分子同士が再び結合してしまうので溶けてきません。

石油やガソリンのように分子中に電荷の偏りがない分子は水には溶けません。しかし，石油などは同じ性質の脂肪や油をよく溶かします。一般に，水に溶けやすい性質を**親水性**，溶けにくい性質を**疎水性**といいます。

8.2　溶液・溶媒・溶質・濃度

砂糖や食塩が水に溶けたときのように，2 種類以上の物質の混合物がお互いに溶け合った液体を**溶液**，溶けている物質を**溶質**，溶かしている液体を**溶媒**といいます。

ふつう，とくに断らずに溶液という場合は溶媒が水である水溶液のことを示しますが，溶媒の種類を特定するときは，溶媒が水であれば水溶液，エタノールであればエタノール溶液と呼びます。溶質の名称は，さらにその前につけ，食塩水であれば塩化ナトリウム溶液または塩化ナトリウム水溶液といいます。

溶液の中に溶質がどの程度溶けているかを示す値が**濃度**です。溶質量は重量，体積，物質量（モル）＊で，溶液量は重量あるいは体積で表します。

全体量を重量で表す場合は重量濃度といい，一般には w/w の記号で表記されます。この符号は weight の頭文字で，分子が溶質量を表し，

＊ **物質量 (モル；mol)**
原子，分子，イオンなどの物質の量を表す単位の一つで，その物質が 6.02×10^{23} 個存在するとき，1 モルといいます。これは 12 個の量を 1 ダースと呼ぶのと似ています。1 モルの重さは，それぞれの物質により異なり，原子，分子，イオンを構成する元素の原子量，あるいは原子量を足し合わせた和の g 数です。
たとえば，1 モルの酸素 (O_2) は $16 \times 2 = 32g$，水 (H_2O) は $1 \times 2 + 16 = 18g$ です。

分母が全体量を表しています。重量濃度では，重量パーセント濃度がしばしば用いられます。この場合，溶質の含量を全体に対する割合で表し，濃度の大きさが直観的にわかるためさまざまな場面で利用されています。極めて希薄な溶液に対しては，百分率 (%) 濃度の代わりに百万分率 (ppm) 濃度や十億分率 (ppb) 濃度の単位が用いられます。

化学では，溶質である試料を重量や物質量で，全体量を体積単位で表す体積濃度 (w/v, v は volume の頭文字) が最も一般的です*。この場合，試料の正確な重さを測り取り，メスフラスコなどの器具を用いて正確な体積に希釈して調製します。

8.3 よく溶けるには…

同じ重さであれば，氷砂糖よりふつうの砂糖の方が速く溶けます。固体の溶解は表面で起こるので，大きな塊を小さくして表面積を大きくすると溶けやすくなります。また，溶けるということは，固体表面と溶液との間の分子の平衡により行われていますので，固体での溶質分子の濃度と溶液の濃度の差が大きいほど速く溶けます。撹拌しないで溶かしたとき溶けるのが遅いのは，固体表面付近での溶質分子の濃度が高くなり，固体での濃度との差が小さくなるからです。その場合は撹拌して，固体表面の濃度を全体の濃度と同じにして溶ける速度を高めます。

砂糖や食塩はいくらでも水に溶けるわけではなく，ある濃度より以上には溶けなくなります。十分な量の溶質が溶け，それ以上溶けることのできない状態を**飽和**といい，飽和状態の溶液を飽和溶液といいます。このときの濃度が飽和濃度，または**溶解度**です。

溶解度は温度により異なります (**表 8.1**)。砂糖を溶かすとき，水よりお湯の方がよく溶けます。ふつう，固体の溶解度は温度を上げると増加します。一方，気体の溶解度は温度が上昇すると下がります。よく冷えた炭酸飲料のビンのふたを開けても大丈夫ですが，ぬるくなったビンではふたを開けたとたんに泡が噴き出してこぼれることは経験しているでしょう。この泡は，炭酸飲料に溶けていた二酸化炭素が，温度が上がったため溶けていられずに出てきたものです。

こうした温度による溶解度の変化は，水などの物質が固体，液体，気体へと変化するときの原理と似ています。砂糖を水に溶かしたときは，砂糖分子が固体から液体に変化するときと同じように，外から熱を取り入れる必要があります。したがって，温度が高い方が溶けやすいのです。一方，二酸化炭素のような気体が水に溶ける場合は，気体から液体になる変化と似ています。温度を高くすると気体になりやすく，溶液中の濃

* **重量パーセント濃度と体積濃度の違い**
　たとえば，10 g の食塩を水に溶かして食塩水溶液を調製するとき，重量パーセント濃度表示で調製しようとする場合は，食塩 10 g を水 90 g に加えて溶かして調製し，その溶液を 10 ％溶液といいます。これに対して，体積濃度表示では食塩 10 g を取り，水を加えて溶かして最終的に全体を 100 mL に合わせます (0.1 g/mL)。重量パーセント濃度表示では，溶質と溶媒を合わせて 100 g とする場合，溶液濃度が高いときは溶液全体の体積は 100 mL にはなりません。

表 8.1　水への溶解度と温度

溶　質		温　度（℃）		
		0	20	80
固　体 （g/100g）	食塩	35.6	35.8	38.0
	ショ糖	179	198	363
	グリシン*	14.2	22.5	55.5
気　体 （mL/mL）	酸素	0.049	0.031	0.018
	二酸化炭素	1.72	0.87	0.28
	空気	0.029	0.019	0.011

> 固体の溶解度は，温度を上げると増加する。気体の溶解度は，温度を上げると減少する。

＊ アミノ酸の一つで，最も単純な構造をしている。

度が低くなろうとします。

　気体の溶解度は圧力にも比例します。炭酸飲料水のビンは栓を開けるまでは高圧に保たれていて，二酸化炭素は水に溶け込んでいますが，栓を開けると気圧が1気圧になるので，溶けきれなくなった二酸化炭素が泡として抜け出してきます。

8.4　浸透圧と逆浸透法

　砂糖をハンカチに包んで水の中に入れると，溶けた砂糖分子はハンカチから自由に抜け出し，ハンカチの内外での濃度は等しくなります。しかし，セロハンで包むと，砂糖分子は大きいためセロハンを通過せず，代わりに水がセロハンを通過して，やがてセロハンの内外での砂糖濃度はほぼ同じになります。

　セロハンのように，小さな分子を透すが大きな分子は透さない膜のことを**半透膜**といいます。半透膜の両側の溶質の濃度を同じにしようとする力を**浸透圧**といいます。上の例では，セロハンの袋が閉じていると，入ってきた水のために内部の圧力が上がります。最終状態と最初の状態との圧力の差が浸透圧です。

　半透膜で仕切られた容器に高濃度溶液と低濃度溶液が入っているとき，そのままでは低濃度側から高濃度側に水分子が移動し，高濃度側の水量が増えます（図 8.2）。この高さの差が浸透圧です。

　しかし，高濃度側に浸透圧を上回る圧力を加えると，水分子は濃度に逆らって低濃度側に移動します。その原理を利用して，高濃度側に海水や汚染水を入れて圧力をかけることにより，低濃度側にきれいな水を得ることができます。これを**逆浸透法**といい，海水の淡水化や，ソフトド

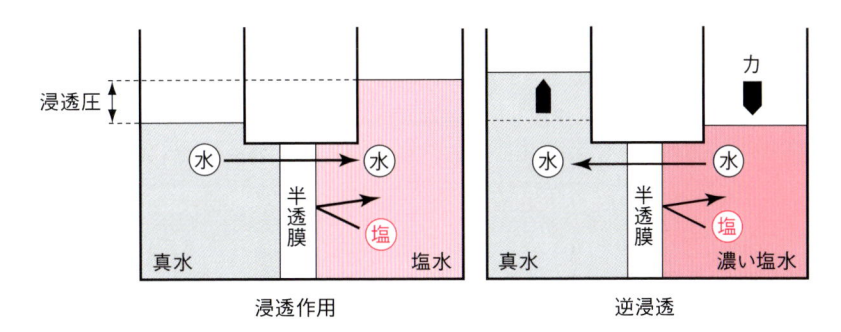

図 8.2　逆浸透法による海水の淡水化

リンク，乳製品，医薬品製造などの産業において，物質の分離，精製，濃縮，無菌化などの手段として利用されています。

column　梅酒つくりには，なぜ氷砂糖？

　梅酒をつくるとき，ふつうの砂糖ではなく氷砂糖を使います。ふつうの砂糖だと速く溶けて，梅のまわりの糖濃度が急に上がるので，梅の水分が吸い出されて硬くなりうまみも出ません。氷砂糖を使った場合，はじめは梅のまわりはほとんど用いたホワイトリカーあるいは焼酎などの酒なので，梅内部の方が溶けているものの濃度が高く，浸透圧により水分がまず梅の方に入ります。氷砂糖が溶けるに従って外の濃度が高くなり，水分が梅のうまみとともに出てきて，おいしい梅酒ができるというわけです。

図　梅酒のうまみ

8.5 コロイド

砂糖水や食塩水は完全に透明で、見たところ水と区別がつきません。しかし、牛乳や濃い石けん液などは、固形物は見えませんが透明ではなく乳白色に見えます。乳白色に見えるのは、牛乳や石けん液の中に浮かんでいる微粒子により光が散乱されているためです。このように、微粒子が分散している状態を**コロイド**といいます。

日常生活では、砂糖水などの溶液より、コロイドの方がはるかに多く接しています。コーヒーやインクのような液体の状態のものから、塗料や乳液、クリーム、マヨネーズ、さらに、バターのような固体に近いものまであります。たとえば、マヨネーズは植物性油を卵黄と酢の中に分散させたコロイドで、塗料も色素顔料という微粒子を分散させたものです。

コロイドには、固体や液体が液体の中に分散している状態のほかに、固体や液体が気体中に分散しているものもあります。雲や霧やスモッグがその例です。これらは、雲や霧をつくっている非常に小さい水滴や氷片が空気中に分散している状態です。

コロイド状態のものに、細い光線を当てて横から見ると、分散している物質が光って光の道筋がはっきりと見えます。これを**チンダル現象**といいます（図8.3）。暗い部屋に日の光が差し込んだとき、室内のホコリが光って、光の道が見えるのと同じです。この性質はコロイドに特有なもので、溶液に暗所で光を当てて、チンダル現象が起こるかどうかで、真の溶液かコロイド溶液かを区別できます。

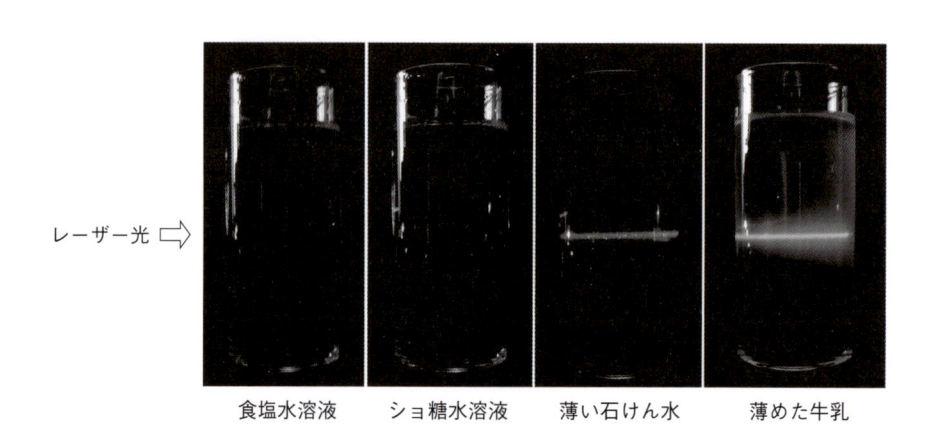

レーザー光 ⇨　　食塩水溶液　　ショ糖水溶液　　薄い石けん水　　薄めた牛乳

図8.3　チンダル現象

8.6 乳濁液・エマルション

液体が液体中に分散しているコロイド液をとくに**乳濁液**または**エマルション**といいます。このときの液体と液体は水と油のように互いに溶け合わないもので，どちらかがどちらかの液体の中に小さな滴として分散しています。二つの液体をエマルションにすることを**乳化**といいます。

マヨネーズや牛乳では，水の中に油滴が浮かんでいますが，マーガリンやクレンジングクリームでは，油の中に水滴が分散しています。マヨネーズ型を水中油型エマルション，マーガリン型を油中水型エマルションといいます。マヨネーズの汚れは水洗いで落ちますが，マーガリンは水洗いでは落ちにくいのはそのためです。

水と油を混ぜて激しく振ると白く濁り，一見分散したように見えますが，すぐに二つの液体は分離して2層になります。安定なエマルションができるためには，水とも油ともなじみ，両者を仲介する物質が必要です。このような物質を**両親媒性物質**といい，一つの分子の中に，水になじむ親水性基と油になじむ疎水性基(親油性基)をもっています(図8.4)。

洗剤のような界面活性剤*のほか，リン脂質やタンパク質などの生体内分子もこのような性質をもっています。マヨネーズにおいては，卵黄の脂質(リン脂質やステロール類，13.3節参照)，牛乳では乳タンパク質がその役割をしています。

* **界面活性剤**
両親媒性物質の中で，一般に，分子量約1000より小さい化合物をいいます。水溶液において，水の表面張力に逆らって表面を広げようとすることにより，表面張力を大きく低下させます。これにより，水玉ができなくなります。この性質を界面活性，あるいは表面活性といいます。

界面活性剤があると，溶け合わないもの同士でも安定して分散する。

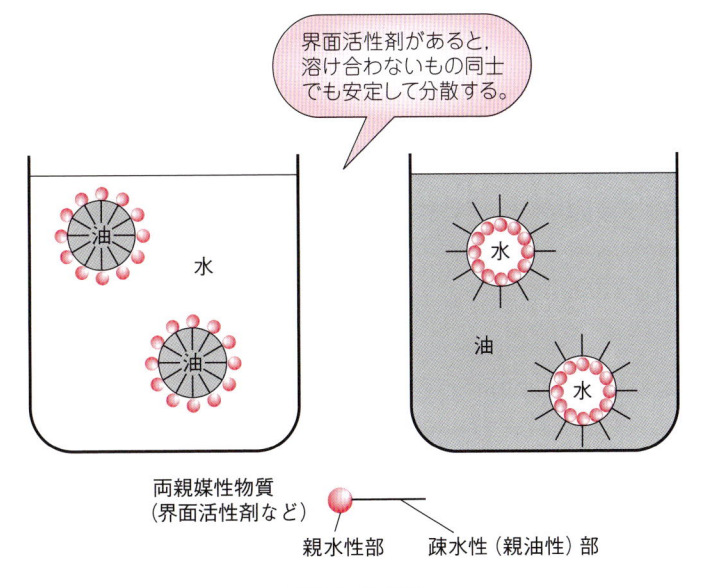

両親媒性物質
(界面活性剤など)
親水性部　疎水性(親油性)部

図8.4　乳濁液

8.7 石けんも両親媒性物質

衣服や私たちのからだの汚れを落とすために使われている石けんも，代表的な両親媒性物質です。

石けんの主成分は脂肪酸ナトリウムですが，水に溶けると脂肪酸イオンとナトリウムイオンに分かれます。脂肪酸イオンは，長い炭化水素の鎖の端にカルボキシル基＊が結合したものです（図8.5）。炭化水素は石油と同じであるので，疎水性を示して水と反発して自分たち同士で集まろうとします。一方，親水性であるカルボキシル基は水と結びつこうとします。

汚れの多くは，衣服の繊維や私たちのからだの表面に油などとともに薄い膜をつくって付着しているので，水だけでは疎水性の油を除くことは困難です。石けんの疎水性の部分が衣類についた油汚れを包み込み，親水性部分を外に出して，本来は水と混ざらない油を水の中に溶ける形にし，布地から引き出してくれます（図8.6）。これが石けんの洗剤としての働きです。洗うというのは，汚れを水の中に分散できる状態に衣類などからはがし出すことです。

石けんを水に溶かしたとき，濃度がある程度高くなると，石けん分子

＊**カルボキシル基**
－COOH として表され，この基をもつ有機化合物をカルボン酸といいます。水中では水素原子は離れて水素イオンになるので，カルボン酸の水溶液は弱酸性を示します。石けんでは，水素の代わりにナトリウムが結合しています。

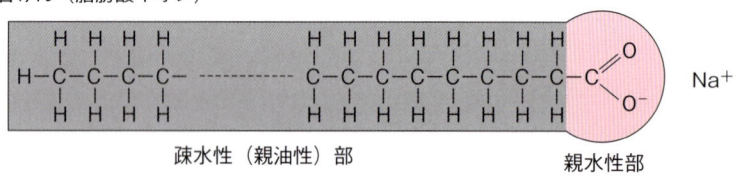

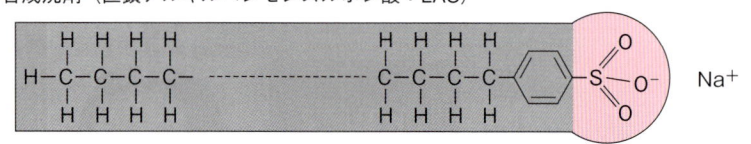

図8.5 石けんと合成洗剤

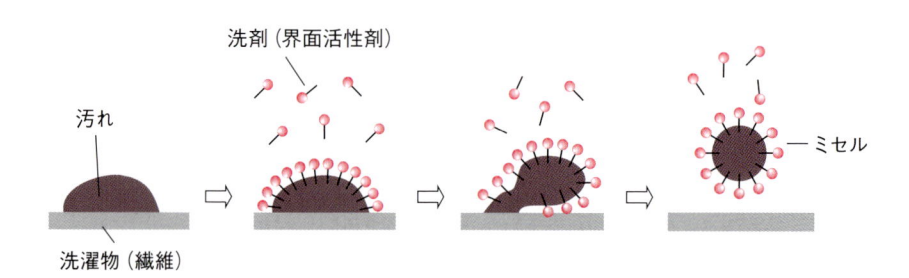

図8.6 汚れが落ちるしくみ

は親水性部を外側(水の側)に，疎水性部分を内側に向けて，100個くらいが集まって球状の集合体をつくります。これを**ミセル**といい，コロイドの性質を示す大きさです。濃い石けん水が白く見えるのはミセルが分散しているからです。

石けんがミセルをつくるのはある濃度以上のときですので，石けんの溶液に多量の水を加えると，ミセルをつくることができなくなります。入浴用の手桶や浴槽に付着した湯垢(ゆあか)は，石けんのミセルが包み込んでいた体脂肪などの垢が，石けん水の希釈により溶けていられず分離したものです。

8.8 合成洗剤

合成洗剤とは，石油や油脂を原料として化学的に合成された洗剤のことをいいます。石けんより洗浄力が強く，石けんカスが残りにくいので，洗濯機の普及とともに広まりました。

合成洗剤は，第一次世界大戦中，大量の兵士の制服を洗うため石けんの代用品として登場しました。その後，第二次世界大戦中にアメリカで，アルキルベンゼンスルホン酸(ABS)に代表される石油系合成洗剤が開発され，戦後世界中に普及しました。

しかし，この洗剤分子中のアルキル基＊(疎水性部)は，原料の関係で枝分かれ構造になっているものでした。これは洗剤が使われた後，排水として川などに排出されたときに微生物によって分解されにくいので，河川にいつまでも残り，環境汚染として大きな問題となりました。その後，微生物が分解できる(生分解性)枝分かれのないもの(直鎖型ABS，LASと呼ばれる)が開発され，現在では90％以上がLASに置き換えられています(図8.5)。

衣料用洗剤や食器用洗剤には，汚れの成分であるタンパク質，脂質，糖質を分解する目的で，これらを分解する酵素(プロテアーゼ，リパーゼ，アミラーゼ，セルラーゼなど，14.2節参照)が含まれているものがあり，酵素洗剤としてよく知られています。

＊ **アルキル基**
　炭素と水素のみからなり，不飽和結合(二重結合，13.3節参照)をもたない飽和炭化水素分子から1つの水素が除かれたものです。たとえば，図8.5の石けん分子の灰色部分や，合成洗剤分子の灰色部分からベンゼン環を除いた部分を指します。

8.9 ドライクリーニング

ウールや絹織物製品などは，水によって膨潤したり繊維の表面が変性したりしてしまうので，水洗いでは衣類が伸縮したり型くずれを起こす危険があります。そこで，水を使う代わりにガソリンなどの有機溶剤を使って洗濯するドライクリーニングが行われます。この方法は，水を使

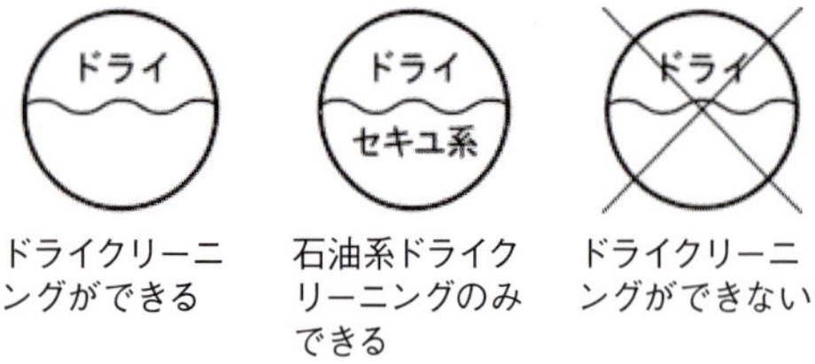

う洗濯に比べ油汚れをよく落とし，また衣類の伸縮が生じにくいという利点があります。

しかし，汗や食べ物などの水溶性の汚れは落ちにくく，長い間ドライクリーニングのみを行っていると，水溶性汚れが蓄積されるために，衣料が黄ばんでくることがあります。また，ドライクリーニングで用いる有機溶媒は非常に溶解性が強いため，合成色素 (第10章参照) なども溶かしてしまい，ものによっては色が落ちたり，素材自体を傷めたり，ボタンが溶けたりすることがあります。このため，衣料品にはドライクリーニングができるかどうかが絵表示されています (図 8.7)。

ドライクリーニングができる

石油系ドライクリーニングのみできる

ドライクリーニングができない

図 8.7　ドライクリーニングの絵表示

column　シャンプーとリンス

　シャンプーには，非常に泡立ちのよい陰イオン界面活性剤が使われています。シャンプーの後は，リンス，コンディショナー，トリートメントなどで髪の保護をするのが一般的ですが，それには陽イオン界面活性剤が使われています。この界面活性剤は，イオンの電荷が石けんと逆なので逆性石けんともいわれています。

　髪の毛もシャンプーもマイナスに帯電しているので，リンス液の陽イオン界面活性剤は陽イオンの部分で毛髪に吸着し，これに結合している疎水性基の部分が毛髪に薄く油をつけたようになり，髪のタンパク質を保護するとともに髪の毛をしっとりしなやかにします (図)。

　ところで，少し前からシャンプーとリンスが同時にできるリンスインシャンプーが出回っています。シャンプーとリンスを単純に混ぜてしまうと，マイナスイオンとプラスイオンなので結合してしまい，お互いに働かなくなってしまいます。そこで，シャンプー作用が働いた後でリンス作用が出るように時間差をつけたり，プラス・マイナス両方の性質をもつ両性界面活性剤を少量混ぜてシャンプーとリンスの仲立ちをして化学反応を起こりにくくしたり，リンス自体の汚れ落とし作用を強化させたシャンプー作用をもつリンスにしたりと，さまざまな工夫がされています。

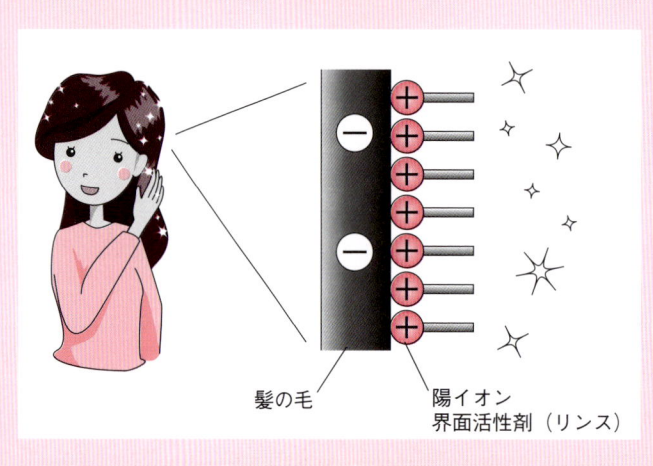

髪の毛　　陽イオン界面活性剤（リンス）

図　リンスの作用

第9章 くっつくとは

　衣服にタバコのにおいなどがつくのも、糊で紙と紙をくっつけるのも、書類に付箋紙をくっつけておくのも、いずれも「くっつく」といいますが、それぞれ少しずつ違っています。私たちの暮らしの中のさまざまな場面で見られる「くっつく」という現象を化学の目で見てみましょう。

9.1 「くっつく」には3通りある

　せんべいや海苔を空気中に放置しておくと湿気てしまいます。また、タバコの煙や食品などのにおいが衣類についてしまうことがあります。一方、湿気やにおいを取り除くために乾燥剤や活性炭などが用いられています。これらは、海苔や衣類の繊維や乾燥剤などが、湿気の原因である水分子やにおいのもとの分子を空気中から取り込んで、それらの表面にくっつけておくことによります。このような現象を**吸着**といいます。

　紙や木などを互いに密着させ、はがれないようにするのも「くっつける」といいます。この場合は、くっつけようとするものに糊などを塗っておいて、貼り合わせた後で塗ったものが固まることによりはがれないようにします。これは**接着**です。

　さらに、接着の一種ですが、特徴として水、溶剤、熱などを使用せず、常温で短時間、わずかな圧力を加えるだけでくっつけることがあります。多くの場合、セロハンテープのようにベタベタする面を押しつけるだけで、物と物をくっつけることができます。このようなくっつけ方を**粘着**といいます。

9.2 吸着というのは…

　水蒸気やにおいの分子などの吸着する分子を**吸着質**、これらの分子を吸着させる能力をもつものを**吸着媒**といいます。上の例では、海苔やせんべいや衣服などは吸着媒です。また、乾燥剤のように吸着させること

を目的とする場合には，吸着媒はふつう吸着剤といいます。

　水蒸気やにおいの分子など吸着質は，空間(液体の場合もある)を運動していて，吸着媒の表面に衝突すると，その表面に滞在したり跳ね返ったり，吸着媒の表面と空間との間を行き来しています。もし固体表面に衝突した分子が全部跳ね返ってしまったら表面には分子が吸着されないし，反対に長い間表面に滞在すれば吸着分子の数は多くなります。

　分子が吸着媒に滞在する時間は，その表面の性質や状態(金属表面かプラスチック表面か，粗いか滑らかか，きれいか汚れているか，温度はどれくらいかなど)，あるいは分子の種類や状態(酸素分子か，水分子か，分子の動き・運動エネルギーはどれくらいかなど)によって変化します。

　吸着には，大別して2通りあります。分子が吸着したとき，分子の性質が変わらずに分子間力*によって単にくっついている場合と，分子が吸着面の分子と化学的な相互作用により化学結合*をしてくっついている場合です。吸着分子が単にくっついている場合を**物理吸着**，化学結合をしてくっついている場合を**化学吸着**といいます。

　物理吸着では，吸着質も吸着媒も相手を選ぶことは少なく，可逆的で素早く起こります。また，温度が高くなると分子運動が活発になり表面から離れやすくなって吸着量は少なくなります。これに対して，化学吸着は化学反応を伴うので，吸着質と吸着媒の組み合わせに選択性があり，温度が高い方がよく，いったん吸着すると離れにくいのがふつうです。

9.3　身近な吸着剤

　吸着の現象は身近な暮らしの場だけでなく，医療や産業の非常に広範囲において利用されており，さまざまな吸着剤が用いられています。

　上で述べた水分子を吸着するための乾燥剤には，しばしばシリカゲルが用いられています。シリカゲルは，二酸化ケイ素の仲間で，小さな孔を無数にもつ多孔質構造なため表面積が非常に広く，多くの水分子を吸着できる性質をもっています。無色半透明ですが，水分の指示薬として塩化コバルト(II)を添加したものを含んでいることがあります。塩化コバルトは水分子を含まない状態では青く，水分子を含むと淡桃色に変化しますので，シリカゲルの吸着能を知ることができます。

　脱臭剤としては，多くの場合活性炭が用いられています。活性炭も多孔質の物質であり，その微細な穴に多くの物質を吸着させる性質があります。たとえば，最近吸着剤として見直されている備長炭や竹炭も，直径数ミクロンの小さな孔が無数にあいていま

---

* **分子間力**
　分子同士が互いの引力により引きつけ合う力で，化学結合より非常に弱く，影響を及ぼす距離も短い。

* **化学結合**
　分子を構成している原子を互いに結びつけている結合で，結びつける力の性質により，イオン結合，共有結合，水素結合などに分けられます(図9.2参照)。イオン結合は，電子を失って陽イオンとなった原子と電子を受け取って陰イオンとなった原子とが電気的に引き合った結合です。共有結合では，2つの原子が電子を一つずつ出し合って，それらを共有し結合します。水素結合は，窒素や酸素などの電気的に陰性になりやすい原子の間に水素が入り橋渡しをするようにした結合です(図6.3参照)。

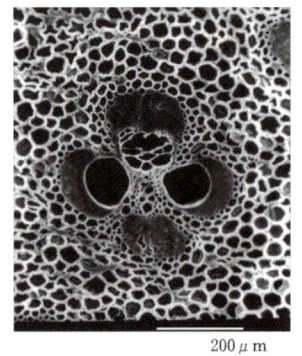

図9.1　竹炭の断面
(竹資源高度利用研究室ホームページ http://www.tsuyama-ct.ac.jp/fujiwara/hoto.htm より)

すが，これらの孔の表面積は炭 1g 当たり 150 ～ 300 m^2，畳 200 枚分に相当するといわれています (図 9.1)。

活性炭は，ほとんどが炭素からなり表面が非極性*であるため，水のような極性分子は吸着しにくく，有機物を選択的に吸着しやすい性質があります。その性質を利用して，脱臭のほか，水質浄化などに用いられています。

*極性と非極性
水分子のように分子中に電荷の偏りがあるものを極性分子，ベンゼンのように偏りがないものを非極性分子といいます。水に対しては，親水性と疎水性にほぼ対応しています。

9.4 接着とは…

物体と物体を接着するとき，接着しようとする表面に溶液状の接着剤を塗ります。接着剤を溶かしていた水や溶媒が蒸発し接着剤が固まると，合わせられた接着面はもはや離れなくなります。このとき，接着面を結合させるのに働いている力には，機械的 (物理的) な結合と化学的な結合があります。

物理的な結合は，接着する表面の細かい凹凸に接着剤が入り込んで固まることにより，接着剤が錨(いかり)のような働きをしています (図 9.2)。一方，化学的な結合には，接着表面の原子や分子と接着剤の分子との間に相互作用が働いて化学結合をつくっています。

いずれの場合も，接着剤が多くの場所で物理的あるいは化学的な相互作用があるほど効率のよい接着ができます。そこで，接着剤は分子量が数万以上の大きな分子 (高分子物質*) である必要があり，砂糖のように分子量が数百ほどの分子では有効な接着はできません。また，接着面にまんべんなく接するためには，少なくとも最初は液体である必要があり，そのために，接着剤は高分子物質を有機溶媒に溶かしたり，水に分散させて使われます。

古くから使われてきた接着剤に糊やニカワ (膠) がありますが，糊は糖質の一つのデンプン，ニカワは動物の皮革や骨髄から採られたコラーゲンを主成分とするタンパク質で，いずれも水に分散できる高分子物質

*高分子物質
原子の数が 1000 個程度以上，あるいは分子量が約 10000 以上の分子をいいます。一般に，炭素を骨格とする有機化合物を指し，タンパク質，デンプン，セルロース，DNA などの生物由来のものや，ポリエチレン，ナイロン，合成ゴムなどの化学合成物などがあります。

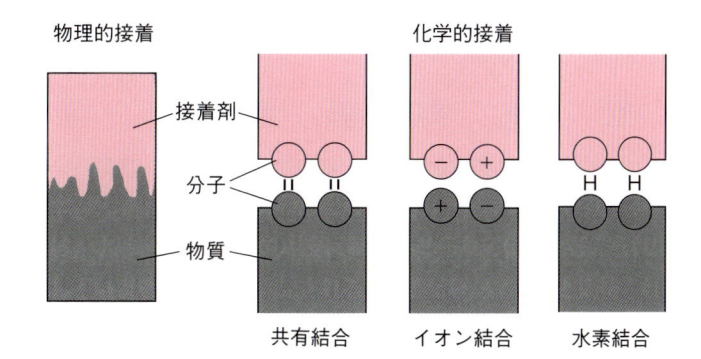

図 9.2 接着の種類

です。

　一般には，高分子物質を水などの溶媒に溶かしておいて，塗った後で溶媒を蒸発させ乾かします。そのような場合，溶媒が蒸発すると体積が減るので，接着面が収縮しそこに大きなひずみができることがあります。ひずみの力で自然にはがれたり，接着が弱くなったりします。たとえば，紙を糊で接着したときにしわができることはよく経験することです。このひずみを少なくすることが接着の大きな課題となっています。たとえば，液状の単量体＊（低分子物質）を塗った後，接着面で重合反応（図12.4参照）を起こさせて高分子重合体として固まらせる方法は，このひずみを少なくする方法の一つです。次に述べる瞬間接着剤はその例です。

> ＊**単量体と重合**
> 　簡単な構造をもつ分子（低分子物質）が2分子以上結合して分子量の大きな別の化合物を生成することを重合といい，そのときのもとの低分子物質を単量体といいます。

9.5　さまざまな接着剤

　古典的な糊やニカワに加えて，さまざまな用途に適した多種類の接着剤が合成され，使用されています。

　溶媒（溶剤）として，水が使われているものと有機溶剤が使われているものとに分けられます。接着分子が水に溶けるものもありますが，デンプンを原料とする糊，酢酸ビニル樹脂，ゴムなど，水に溶けない高分子物質でも水の中にエマルションとして乳化させて使われています。これらは水に薄めて使うことができ，主に木材，紙，布，繊維などの接着に使われています。

　このタイプの中で，あらかじめ接着するものに塗って水分を蒸発させ，乾燥させておき，必要なときに濡らして接着剤を溶かし，再び乾燥させて接着するタイプのものがあります。切手がその代表です。これらにはデンプンやポリビニルアルコール（p.100）などの水溶性高分子を塗って乾燥させてあります。さらに，水に濡らしたとき溶けやすいようにグリセリンやエチレングリコールなどが混ぜてあります。

　接着面に単量体（低分子物質）を塗った後に，それが重合して高分子になるとともに固まることを利用した接着剤があります。最も一般的なものは，瞬間接着剤として知られているシアノアクリレートを主成分にした接着剤です。シアノアクリレートは単量体の状態ですが，接着面に塗ると，空気中のほんのわずかな水分によって瞬間的に重合を開始し，高分子になって一瞬で接着されるのです。

9.6　粘着とは…

　セロハンテープをはじめ，付箋紙，両面テープ，さまざまなステッカー

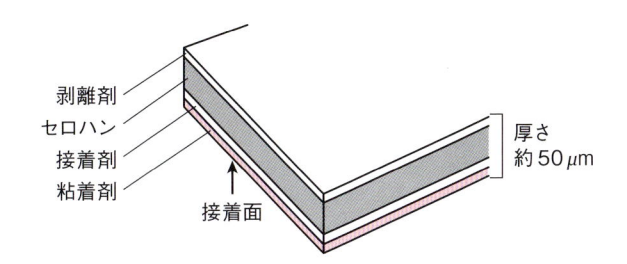

図 9.3　セロハンテープの構造

やシールなどは，粘性のあるベタベタする面を貼りつける相手に弱く押しつけるだけで，物と物をくっつけることができます。この場合は，接着のように乾燥して固まることでくっつくのではありません。

　セロハンテープでは，粘着する面が，巻かれてある状態から下のテープにくっつかずにきれいに はがすことができます。このことは，粘着できる表面とできない表面があることを示しています (**図 9.3**)。

　粘着できる表面は，粘着剤がなじみやすい性質があるからで，この性質を一般には「濡れやすい」といいます。粘着できない表面は，粘着剤に対してなじまず濡れない性質をもっています。水に濡れにくい性質の表面では，水玉が丸くなり，水をはじくのとよく似ています。セロハンテープの片側は，粘着剤に対して非常に濡れにくい材料 (剥離剤) でできた膜が張られています。

　付箋紙の場合，粘着した (貼った) 後ではがしても，はがされた面にほとんど変化はなく，付箋紙自身ももとの状態に戻り，何回も貼ったりはがしたりできます。付箋紙の粘着部分に使われているのは，アクリル樹脂系 (表 12.1 参照) の特殊な粘着剤で，超微小の丸い粒状のものが何列もビーズのように並んでいます (**図 9.4**)。貼ったときに粒が押されて平べったく変形してくっつくのですが，粒に弾力性があるので，はがすともとの丸い状態に戻ります。それで何回も貼ったりはがしたりできるのです。さらに，はがしたときに粘着剤が付箋用紙から離れて相手にくっつかないように，付箋用紙と粘着剤との間は特殊な接着剤によりしっかりと留められています。

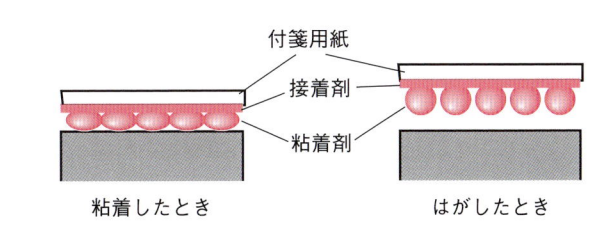

図 9.4　付箋紙

濡れるものと濡れないもの

　固体の表面に液体を一滴落としたとき，液体が広がって表面を覆う場合を「濡れる」といい，広がらずに球のようになってしまうときは「濡れない」といいます。ガラスのコップも手垢で汚れているときは水をはじいてしまいますが，洗剤できれいに洗えば完全に濡れて，薄い水の膜となって流れ落ち，跡が残りません。金属やガラス，陶磁器の表面は親水性なので，きれいであれば水に濡れます。したがって，これらでできている食器などは水のはじき具合で汚れの程度を知ることができます。

　接着や粘着の場合も，接着や粘着を受ける表面がまず接着剤や粘着剤に濡れることから始まります。一方，セロハンテープの片側は粘着剤に対して濡れない材料でできているので，巻き取られていたテープをきれいにはがすことができるのです。

　プラスチック製のコップや洗面器，傘やレインコートでは，水がはじかれて水玉となって付着しているだけで，振り切ってやれば容易に落とすことができます。プラスチックの中でも，テフロン（デュポン社の商品名）と呼ばれているもの（ポリテトラフルオロエチレン，表 12.1 参照）は，水はもちろん，油にさえも濡れない性質をもっています。ふつう，鉄のフライパンは油を塗らないと食品がその水分によってくっついてしまいますが，テフロン加工をしたフライパンは油より強く水をはじきます。油を塗らなくても目玉焼きや炒め物ができるのはこのためです。

ダイレクトメールの綴じ込み

　接着剤を使わず，二つの表面を物理的にくっつける方法が，最近，ダイレクトメールはがきの綴じ込みなどに利用されています。この場合は，紙面に微細なシリカゲルの粒子が塗られています。表面を合わせて非常に高い圧力をかけることにより，粒子同士が食い込むことではがき面が綴じ込まれます。いったん開けると，手で閉じ合わせるような圧力では粒子は噛み合わないので，再び張り付くことはないしくみになっています。

第10章 色をつける

　人類は，すでに有史以前より，絵を描いたり，繊維を染めたりするために，天然に存在する色素を利用していました。アルタミラ洞窟や高松塚など古代遺跡の壁画は，赤色や黄色の色素で描かれています。そして今，私たちは暮らしのあらゆる場で「色・カラー」を駆使し享受しています。暮らしの中の色と色素を調べてみましょう。

10.1　色(いろ)とは…

　光は電磁波の一つです。その中でもある波長の範囲の光が，目に見える光，可視光線です(図10.1)。最も身近な光は太陽光ですが，太陽光にはいろいろな波長の光が混ざっています。この光が物質に当たると，ある波長の光は吸収され，残りの部分は表面で反射され，あるいは透過します。

　物質が太陽光の中の可視光を全部反射するとそれは白く見え，全部が透過すると透明に見え，そしてすべての可視光を吸収する物体は黒く見えます(図10.2)。たとえば，植物の葉の葉緑素(クロロフィル)は赤い光を吸収するので，葉は緑に見えます。太陽光には紫外線や赤外線も

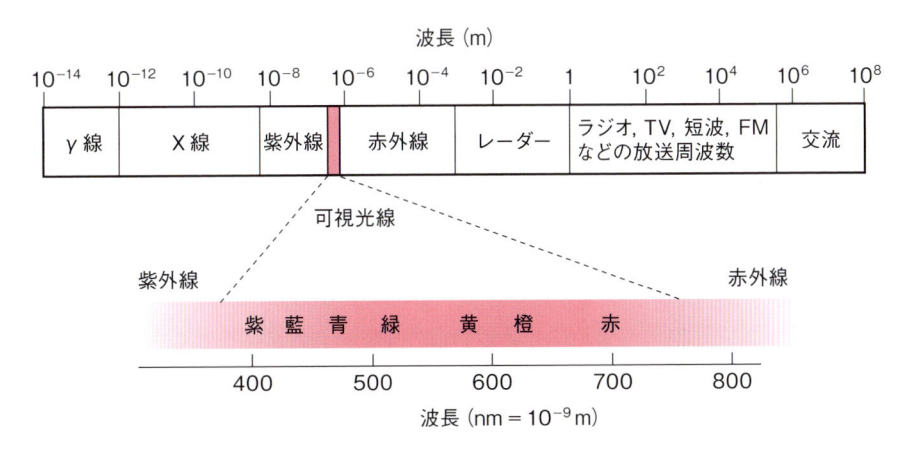

図10.1　電磁波と可視光線

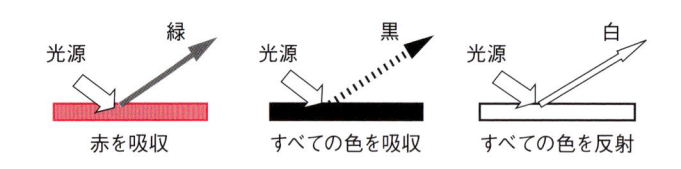

図 10.2　色の見え方

含まれていますが，それらが吸収されてもわれわれの目にはわかりません。

物体の表面を特定の色にするために絵の具，インク，塗料などを塗る場合，特定の色の光を吸収するように色素を塗り，残りの光が希望する色になるようにします。そのとき，光をつくるもとになる基本色は一般に色の三原色，または絵の具の三原色といわれ，赤，青，黄の3色です。これらを適当な割合に混ぜ合わせることによりさまざまな色をつくりあげます。

これに対して，テレビ，パソコンのディスプレイ，デジタルカメラの画像などで表される色は，光の発光を利用して色を表現しています（コラム参照，p.83）。光の色は，光の三原色と呼ばれる赤，緑，青の3つの光を混合することによって表現できます。これらの3色を混ぜるとすべての色が加わるため，絵の具などの場合と異なって黒ではなく白色になります。

10.2　色素の変遷

可視光線を選択的に吸収あるいは放出することにより，物体に色を与える物質を総称して，**色素**といいます。その中には，金属化合物のような無機化合物も，植物や動物から得られる色素のような有機化合物もあります。色素のうち，水や油に溶けるものは**染料**，これらに溶けないものは**顔料**と呼ばれています。一般に，染料は動物や植物から得られ，顔料は鉱物から得られます。

染料として古代から知られている天然色素には，植物由来のものに茜，藍，ウコン，紅花など，動物由来のものにムラサキ貝から得られる古代紫などがあります。これらの色素の多くは，大量の原料からわずかしか得られないため希少品であり，使用もごく一部の人びとに限られていました。

一方，顔料は，ナタネ油などの油脂類を燃やしたときに出るすすを使用した黒色の色素以外は，主に，自然の岩や鉱物などを粉にしたものです。深い緑色の孔雀石，青色の瑠璃，赤色の弁柄や辰砂などが代表的なものです。

これらの色素の中には今でも使われているものもありますが，現在使

図 10.3 天然の有機色素
（アカネ：草花写真館ホームページ
http://kusabanaph.web.fc2.com/index.html より，アイ：増井幸夫・神崎夏子『植物染めのサイエンス』（裳華房，2007）より）

アカネ（茜）　　　アイ（藍）

アリザリン（赤色）　　　インジゴ（青色）
単結合
二重結合

われている多くの色素は，石油などから化学合成により得られた有機化合物です。1856年，イギリスのパーキンは，マラリアの特効薬のキニーネの合成中に，その副産物の中に絹を紫色に染める（絹の繊維に吸着する）色素が含まれていることを偶然に発見しました。そしてこの色素をモーブと名付け，その製造を工業化しました。当時，モーブは白金なみの値段で取り引きされていたといいます。これをきっかけに，多くの化学者が染料合成に参入した結果，有機化学全体の急速な進歩を促しました。

有機物の中で，色のある物質は特徴のある化学構造をもっています。単結合だけをもつ有機化合物には色はありません。また，タンパク質やナイロンには二重結合がありますが，これらも色をもっていません。色をもつためには，二重結合と単結合が交互にいくつかつながった構造（共役系）が必要です。天然の有機色素である茜の成分のアリザリン（赤色）や藍の成分のインジゴ（青色）も，二重結合と単結合が交互につながった部分をもっています（**図 10.3**）。

10.3 主な色のもと

色素には無機化合物と有機化合物がありますが，無機化合物は一般に耐光性があり，光に当たっても退色しにくいという特徴をもっています。一方，有機化合物は，化学構造を工夫することによりさまざまな色調や性質をもつものを合成できるという特徴をもっています。現在使われている主な無機顔料を**表 10.1**に示します。

赤色の無機顔料として古くから使われているものに，辰砂（硫化水銀）や弁柄（酸化第二鉄）などがあります。これらは，同じ赤でも少し色合

表 10.1　主な無機顔料

色	顔　料	化合物名
赤	辰砂（朱）	硫化水銀
	弁柄	酸化第二鉄
	鉛丹	四酸化三鉛
黄	カドミウムイエロー	硫化カドミウム
	黄鉛（クロムイエロー）	クロム酸鉛
緑	クロムグリーン	酸化クロム
青	群青（ウルトラマリンブルー）	ケイ酸アルミニウム＋硫化ナトリウム
	フタロシアニンブルー	銅フタロシアニン*
黒	カーボンブラック	炭素
白	亜鉛華	酸化亜鉛
	チタン白	二酸化チタン

＊ フタロシアニンは，ヘモグロビン中の赤い色素（ヘム＝ポルフィリン＋鉄）中のポルフィリンのような環状の有機化合物で，フタロシアニンブルーでは分子の中心に銅をもっている。

いが異なっています。また，これらは毒性も少ないので，身のまわりでもよく使われています。たとえば，辰砂は印鑑を押すときの朱肉として使われています。

　万葉集では，「茜さす」という枕詞が「日」「昼」「照る」などに頻繁に使われていますが，それはアカネの根で染めた茜色（暗赤色）に輝いている様子に由来します。アカネの色素（染料）は古くから草木染めなどに使われていましたが，現在では，その成分であるアリザリンや，その類似化合物の合成品が主に使用されています。

　古くから使われている黄色の顔料は黄土や黄鉛（クロム酸鉛）ですが，現在使われている黄色の顔料の多くは有機系の合成顔料です。

　緑色は黄と青とを混ぜてつくることが多いのですが，緑色独自の無機顔料である酸化クロムは，毒性がないので黒板などに使われています。天然に大量に存在する緑色色素は植物の葉緑素ですが，これと化学的によく似た構造のフタロシアニンと銅との化合物（銅フタロシアニン）は，緑から青色の色素として大量に使われています。

　藍は植物のアイからとれる濃い青色の染料で，太古より現在に至るまで重要な色素として使われています。一方，青色顔料として現在最も使われているのは銅フタロシアニンです。このほか，コバルトの化合物も明るい青色顔料として使われています。

　天然ガスや油脂の不完全燃焼で出るすすは，カーボンブラックとして黒色の顔料に使われます。一方，可視光線のすべての波長の光を完全に反射して白色を示すものとして，酸化マグネシウム，硫酸バリウム，酸化亜鉛，二酸化チタンなどがあります。

column

RGB と CMYK

　最近は，コンピュータで作成したカラーの書類や，デジタルカメラで撮った写真を，個人のプリンターで印刷することが多くなりました。そのとき，プリントされたものがコンピュータやデジタルカメラの画面で見たものと微妙に違っているのを経験したことがあるでしょう。それは，両者の色の表し方が異なるからです。コンピュータなどでは光の発光を利用して色を表現しており，光の三原色である赤 (R)，緑 (G)，青 (B，実際には青紫に近い色) の光を基本とする RGB 表示が使われています (図)。

　一方，プリンターの場合には，絵の具の三原色とは少し違い，緑がかった青色のシアン (C)，赤紫に近い赤色のマゼンタ (M) およびイエロー (Y) の 3 色を基本とし，これらの混合により色をつくり出しています。この 3 色を混合しても暗黒色となり，完全な黒色とはならないため，一般に，これらに黒色インク (K) を加えた 4 色が使われており，CMYK 表示といわれています。

　画面で表したデータを印刷するとき，RGB 表示のデータを CMYK 表示のデータに変換しています。これらは色の表示の仕方が違うので完全に一致させることが難しく，色の誤差が生ずることがあります。

光の色の 三原色 (RGB) とそれらの混合色　　　印刷の色の 三原色 (CMY) とそれらの混合色

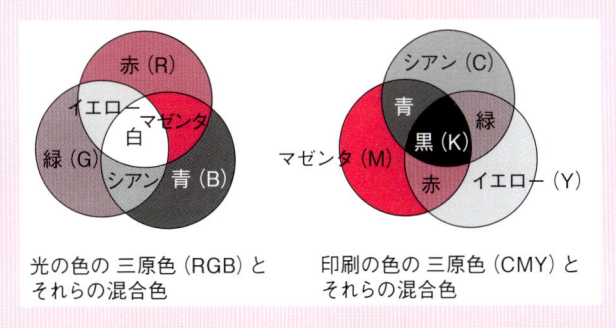

図　光の三原色 (RGB) と印刷の三原色 (CMY) とそれらの混合色の関係
両方の図において，赤とシアン，緑とマゼンタ，青とイエローはそれぞれ反対側に存在します。この関係を補色といいます。シアン (C) は赤い光 (R) が，マゼンタ (M) は緑の光 (G) が，イエロー (Y) は青の光 (B) が吸収された色であることを示しています。RGB 表示と CMY 表示はこのような関係により，表示間の色の対応をしています。

10.4 色を塗る

　ものに色を塗るために，クレヨンや絵の具をはじめ，色鉛筆，塗料，印刷インクなどさまざまな色剤が使われています。これらの色剤は，主に顔料を水，油，有機溶剤，樹脂，ワックスなどと混ぜて練り合わせた

＊アラビアゴム
　アフリカに生育するアカシア科の植物から採取される天然樹脂で，水彩絵の具のほかにも，キャンデーの製造や，ソフトドリンクの乳化剤として食品に使われたり，医薬品の糖衣錠やシロップに使われたりしています。

＊デキストリン
　デンプンを熱，酸，酵素などにより少し分解したもので，各種の糊（事務用，切手や封筒の糊など），健康補助食品（食物繊維）などにも利用されています。

＊グリセリン
　無色透明の粘性のある液体で吸湿性があるため，絵の具のほか，化粧品にも使われています。毒性がほとんどないので，浣腸薬や目薬など医薬品に利用されています。自動車のエンジンの不凍液にも用いられています。

＊グリコール
　2個のヒドロキシ基（OH基）が分子の中の異なる炭素に結合している化合物の総称で，一般に甘みがあります。最も簡単な化合物のエチレングリコールは無色，無臭，粘性のある液体で，不凍液に用いられるほか，さまざまな化学合成品の原料として利用されています。

 もので，使う目的によりこれらの溶剤の種類が選ばれています。

　クレヨンや色鉛筆は，顔料をワックス（ロウ）や油脂で練り固めたものです。水彩絵の具は，顔料をアラビアゴム＊，デキストリン＊，グリセリン＊などの水溶性の溶剤に溶かしたものです。乾燥した後も水に溶ける特徴があります。その性質を利用して，固形水彩絵の具や顔彩のような固形の絵の具もつくられています。

　一方，油絵の具は顔料を植物油で練ったものです。顔料は油に包まれた状態になり，この油が空気に触れ酸化して絵の具が固まります。油絵が描いてすぐに乾かないのは，このような化学変化が必要だからです。

　家，家具，自動車，生活用品など，身のまわりのほとんどの物には塗料が塗られており，塗料の用途は多岐にわたっています。したがって，塗料にはそれぞれの目的によりさまざまな溶剤や，性能を上げるための添加剤（たとえば，防カビ剤，抗菌剤など）が使われています。

　塗料と基本的には同じですが，印刷インクの場合は素早く乾くことがとくに求められており，そのための工夫がなされています。最近，コンピュータの普及とともに，小さなプリンターを使い個人で印刷する機会が多くなりました。現在，インクジェット方式が主流ですが，色素の析出による目詰まりを抑えるために，水溶性色素をグリコール＊などに溶かしたものが使われています。

10.5　染める

　繊維や衣服などに色をつけることを**染色**といいますが，この場合は，塗料などと異なり多くの場合，水溶性の色素分子（染料）を繊維に吸収させ，洗っても落ちることがないように繊維に吸着させます。このとき，染料の分子は繊維の分子と親和性をもっていて，染色される繊維の分子との間でのプラスとマイナスの吸引力（イオン結合），水素結合（イオン結合よりも弱い水素を介したプラスとマイナス間の引き合い），分子間の引力などによって繊維に結合します。また，染料分子と繊維分子を化学的に反応させ，もっと強固な結合（共有結合）をつくらせる反応染料という染料もあります（図 10.4）。

　したがって，このような親和性があるかないかで，同じ染料で同じ条件で染めても，繊維の種類によって，染まったり染まらなかったり，濃く染まったり薄く染まったりします。たとえば，多くの天然染料は，木綿には染まりにくく，絹にはよく染まります。これは，染料の分子がプラスやマイナスの電気を帯びており，電気を帯びている部分のある繊維に電気的な吸引力で結合するからです。

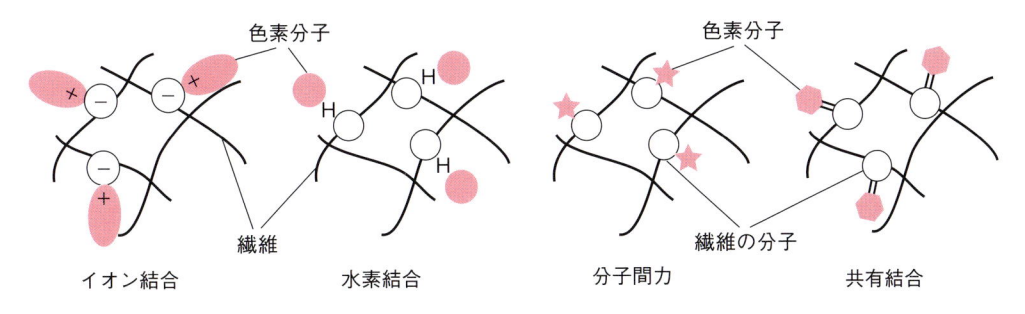

図中ラベル: 色素分子／繊維／イオン結合／水素結合／分子間力／繊維の分子／共有結合

図10.4　染料の繊維への結合の仕方

　繊維の中で，羊毛，絹，ナイロンはプラスやマイナスの電気を帯びている部分がかなりありますが，木綿，麻，レーヨンなどには電気を帯びている部分が少ししかありません。また，アクリルはマイナスの電気を帯びている部分しかなく，ポリエステルには電気を帯びている部分がありません。そこで，それぞれの繊維に適した色素が合成されています。

10.6　食品・化粧品の着色

　食品，化粧品，医薬品などに色をつけるとき使われる色素を**着色料**といいます。

　日本では，江戸時代から食品加工技術が発展し，それとともに，加工された食品の色を楽しむようになりました。たとえば，菓子，団子，餅など，さまざまな食品への着色がありました。その際，紅花，クチナシ，シソ，ウコン，小豆，ブドウ，ヨモギ，黒ゴマなどが用いられていたようです。現在でもこれらの天然系色素が広く使用されています。現在使われている色素の多くは，天然色素の成分を化学的に合成したものです。

　天然には存在しない合成着色料はタール色素と呼ばれていますが，鮮明な色を出し退色しにくいという優れた特徴をもつので，食品だけでなく，医薬品，化粧品，衣料などにも多く使われています。日本においては「○色○号」と呼ばれる法定色素*として知られています。現在，赤色7種，黄色2種，緑色1種，青色2種の12種が認められています。

　これらは，石油から得られるベンゼンやナフタレンなど芳香族化合物（p.57）を原料としています。紅花，シソ，ウコンなど，天然に存在する色素にも芳香族化合物のものが数多くあります。一般に，合成着色料は石油を原料としているため危険であり，天然着色料は食品や植物が原料となるものが多いため安全というイメージがあるのですが，危険性においてこれらの間には全く違いはありません。たとえば，天然のもので古

＊ **法定色素**
　石炭や石油から得られるタールを原料として合成される色素（タール色素）のうち，1966年に厚生省（現在の厚生労働省）により食品，医薬品，化粧品などに使用できるものとして指定された色素です。インジゴやアリザリンなど天然に存在する色素の多くも現在は石油などから合成されていますが，これらをタール色素と呼ぶことはなく，ふつうは天然には存在しないものだけをタール色素と呼んでいます。

くから使われてきたものでも，茜色素は発がん性が認められ，2004年から使用禁止になりました。

藍染めとジーンズ

　涼しげな藍染めの浴衣，今や老若男女が気軽に身につけているジーンズ，発祥は日本とアメリカの違いがありますが，いずれも同じ藍色の「インジゴブルー」という色素が使われています。藍が染料として使われた歴史は古く，紀元前2000年のエジプトにさかのぼります。テーベ古墳で発掘されたミイラに藍で染めた麻布が巻かれていたとのことです。その後インド・中国へと渡り，日本には飛鳥時代にもち込まれたといわれています。

　古くから用いられている藍染めの方法の一つ，「すくも法」では，藍の染料成分であるインジゴが水に溶けないので，まず，「建てる」という操作によって水溶性にします。アイの葉を乾燥させた後，水をかけながら3ヶ月ほどかけて発酵させ「すくも」をつくり，石灰などを加えてさらに発酵させて，無色ですが水溶性のインジゴの染液にします。

　この染液に布をつけて，繊維の分子と分子の隙間に侵入させます。水に溶けたインジゴが繊維分子に対して親和性があるので，繊維分子の間にとどまっています。その後，空気中でさらすと，無色のインジゴが空気中の酸素により酸化され，もとの青色に戻るとともに不溶性になります。不溶性になった色素が繊維と繊維の間に沈着し染色されるのです。

第11章 暮らしの中の金属

　水や空気や大地は，私たちのいのちにとってなくてはならないものですが，金属は私たちの社会や文明を支えており，私たちの衣食住のすべてにおいて欠かせないものです。金属は大まかに，重金属と軽金属に分けることができます。重金属は，比重*が4～5以上の金属で，鉄，銅，水銀，鉛，亜鉛，ニッケルなどです。一方，軽金属は，比重が4～5以下のもので，アルミニウム，チタン，マグネシウム，カルシウムなどが含まれます。また，金，銀，白金などは重金属の仲間ですが，一般に貴金属として扱われます。これらの金属に共通な特徴は？　そして，各々の金属の特徴と使われ方は？

11.1　金属の特徴

　金属の仲間にはいくつかの共通した特徴があります。それらは，光を表面でよく反射してキラキラと輝くこと(金属光沢)，曲げたり伸ばしたりすることができ容易には折れないこと(可塑性)，たたいて薄板や箔にしたり(展性)，引っ張って細い線にできること(延性)，熱や電気をよく通すこと(熱，電気の良導性)などです。

　これらの特徴の多くは，金属に共通した原子の並び方によります(**図11.1**)。金属原子は，いくつかの電子を出して陽イオンになりやすい性質があります。多数の金属原子が集まると，電子を放出した陽イオンが規則正しく配列します。放出された電子は，多数の陽イオンの間を自由に動き回ります。この電子を**自由電子**といいます。金属は，規則正しく並んだ金属原子の塊と，その中を液体のように自由に動き回っている自由電子からなり，お互いに電気的に結びつけられています。

　この自由電子が金属に当たった光を弾き返すことにより光沢が現れます。金属の種類により，自由電子の性質が少し違うので，はじ

* **密度と比重**
　密度は，体積当たりの質量で，kg/cm³ や g/cm³ で表されます。一方，比重は，基準となる物質(一般には水)の密度を 1 g/cm³ としたときの，その物質の密度との比を示し，単位はありません。

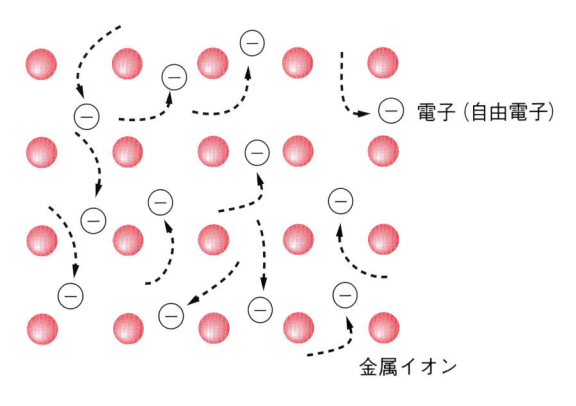

図 11.1　金属の構造

き返された光の色も少し違ってきます。それが，金色，銀色など，金属により特有の光沢が出る理由です。

自由電子が一定の向きに移動することが，電気が流れる，電気を通すということです。したがって，金属は電気の良導体になるのです（図11.2）。一般に，金属の電気抵抗*は温度の上昇とともに増加します。これは，温度が上がると，規則正しく配列している金属の陽イオンがその場でザワザワと動き出し（振動），自由電子を動きにくくするためです。

金属の陽イオンは自由電子の液体の中にいるようなものなので，互いにずれ合うことが比較的容易にできます（図11.3）。たたいたり，伸ばしたりという外からの力に対応して，陽イオンの位置を少しずつずらして形を変えやすいので，展性や延性が高くなるのです。食塩（塩化ナトリウム，NaCl：Na$^+$Cl$^-$）などのように陽イオンと陰イオンからなる場合は，ずれることによりイオン同士が反発し合って形が保てなくなり崩れてしまいます。

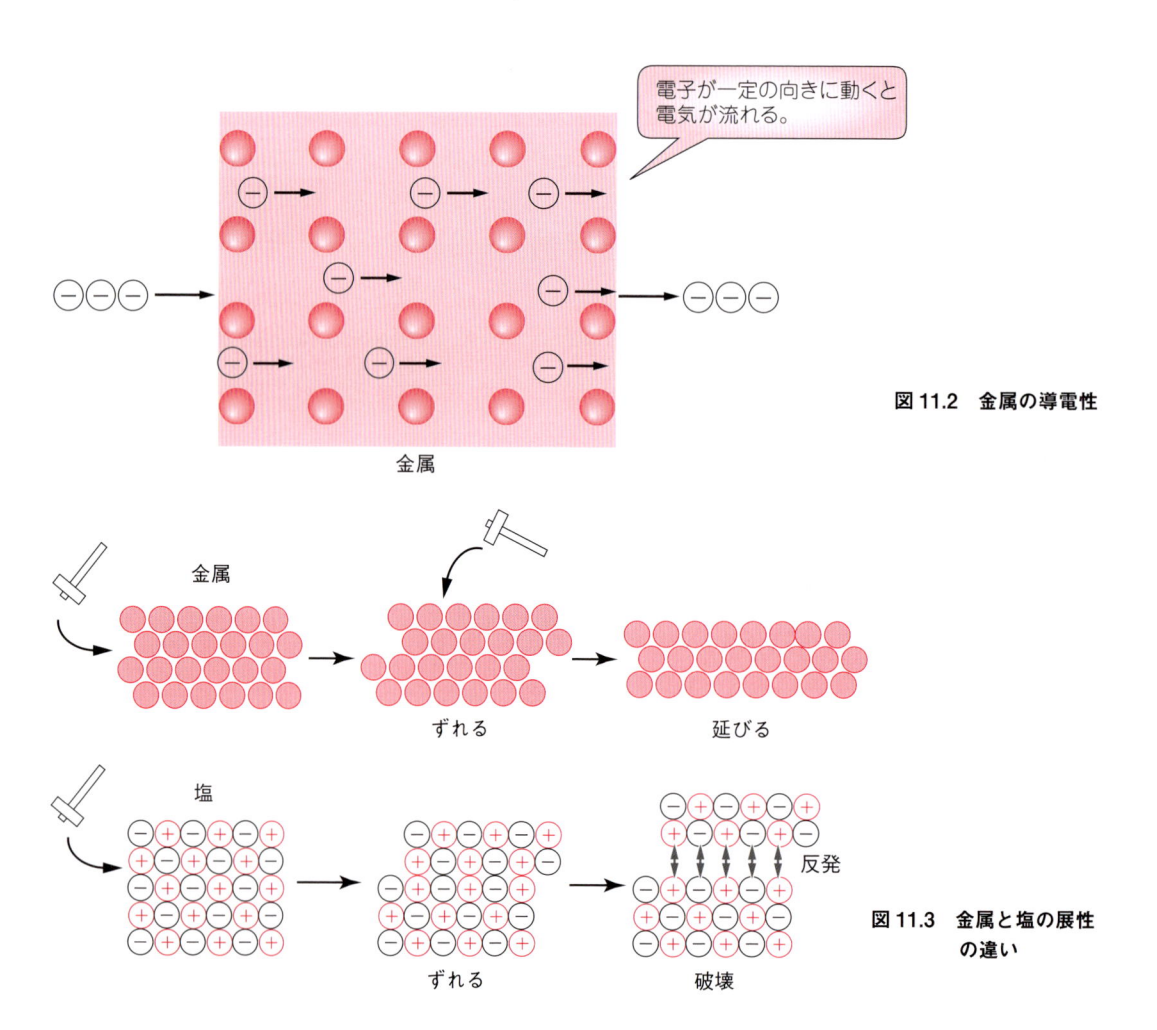

＊ **電気抵抗**
電流の流れにくさのこと。電気抵抗の大きさの単位にはオーム（Ω：ギリシャ文字のオメガ）が用いられます。

図11.2 金属の導電性

図11.3 金属と塩の展性の違い

11.2 合金

　私たちの身のまわりの金属製品は，1種類の金属元素のみからなる純粋なものもありますが，ほかの金属や炭素などの非金属を混ぜたもの(合金)がほとんどです。

　一般に，純金属にほかの元素を添加すると，その性質(たとえば，融点，電気抵抗，磁性，機械的強度，耐食性など)は大きく変化します。金属の組み合わせや存在比を調節して，さまざまな用途に応じた性質をもつ合金がつくられています(表11.1)。最も身近な合金は硬貨で，1円硬貨だけは純粋なアルミニウムですが，それ以外の硬貨はすべて銅の合金です(表11.2)。

　合金にすることで硬さや引っ張りに強い性質を与えられた例には，鉄に対する鋼(はがね，～鋼とあるときは「～こう」と読みます)や，アルミニウムを強化したジュラルミンなどがあります。建築物，機械，工具や航空機に使われています。青銅，真鍮，白銅なども，合金にすることにより銅に強度を与えたものです。また，ステンレスは耐食性をもたせた(さびないようにした)ものの代表です。

　このほか，それぞれの単独の金属の融点に比べて，合金にすることにより融点を下げたものもあります。ハンダ付けに利用されているスズと鉛の合金がよく知られており，融点はほぼ180℃です。しかし，鉛は人体に有害であり，また廃棄物として自然環境に対する悪影響も懸念されるため，鉛の代わりに銀，銅，亜鉛などを用いた「鉛フリーハンダ」の開発，普及が進められています。

表11.1 代表的な合金

合金	主金属	混合物	特徴
鋼(はがね)	鉄	炭素	機械的強度増加
ステンレス	鉄	ニッケル，クロム	さびない
真鍮	銅	亜鉛	色，加工性，硬さ増加
ニクロム	ニッケル	クロム	電気抵抗増加
ハンダ	鉛	スズ	低融点
ジュラルミン	アルミニウム	銅，マグネシウム	軽くて機械的強度増加

表11.2 日本の硬貨

硬貨(円)	素材	アルミニウム	銅	亜鉛	ニッケル	スズ	重さ(g)
1	アルミニウム	100	—	—	—	—	1.0
5	黄銅(真鍮)	—	60〜70	40〜30	—	—	3.75
10	青銅	—	95	4〜3	—	1〜2	4.5
50	白銅	—	75	—	25	—	4.0
100	白銅	—	75	—	25	—	4.8
500	ニッケル黄銅	—	72	20	8	—	7.0

(造幣局ホームページ http://www.mint.go.jp/operations/coin/presently-minted.html をもとに作成)

11.3 鉄

　私たちにとって，最も身近で最も利用されている金属は，何といっても鉄です。鉄の生産量は国力の指標ともいわれてきました。建造物，輸送機関，工場設備などの主要部分は鉄でできており，家庭，学校，職場，街頭などで目にする各種道具など広範囲に利用されています。

　ところが，これらの身のまわりで見かける鉄はほとんどが合金で，鋼（はがね）と総称されているものです。鉄鋼，鋼材ともいわれています。ふつうの鋼は，純粋な鉄に炭素がごくわずか含まれたもので，含まれる炭素などの量を変えることにより，鋼の性質を変えることができます。

　鉄は強くて頑丈な材料なのですが，さびやすいのが最大の弱点です。この点を改良したのがステンレス鋼です。ステンレス鋼は鉄にニッケルおよびクロムを混ぜた合金です。クロムが混合されると，空気中の酸素と結合して表面に酸化を防ぐ薄い被膜（不動態被膜（図11.4））ができます。この膜は傷ついてもすぐに新しい膜が再生され，さびの広がりを防ぎます。被膜は1000℃の高温にも－196℃の低温にも耐えられるので，ステンレス鋼は石油ストーブの燃焼筒や自動車のマフラー，液体窒素のタンクなどにも利用されています。

　鉄化合物は，赤色顔料の弁柄（表10.1参照）や青色顔料のプルシアンブルーなど，インクや絵の具などの原料として使われています。生体においても鉄は重要な働きをしています。赤血球の中に含まれているヘモグロビンは，鉄のイオンを利用して酸素を運搬しています（p.60）。そのため，体内の鉄分が不足すると，酸素の運搬量が十分でなくなり鉄欠乏性貧血を起こすことになります。

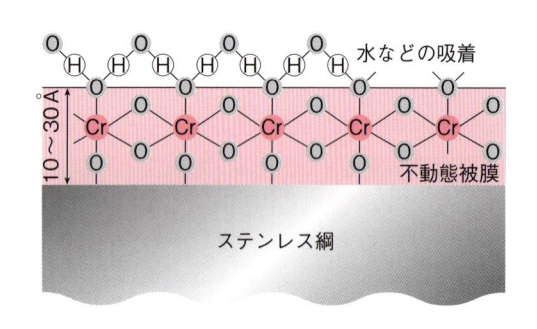

図11.4　不動態被膜

＊**腐食**
　金属の表面が周囲の空気，水，そのほかの化学物質の作用により変質すること。金属イオンになって溶け出したり，さびとして固形物をつくったりします。不動態はさびが金属表面を完全に覆って，それ以上腐食が進まなくなった状態です。

11.4 アルミニウム

　アルミニウムは，地殻に含まれる元素の中で，酸素，ケイ素に次いで3番目に多く，約8％を占めています。比重が2.7と，鉄7.9や銅8.9の3分の1ほどで，軽いことが大きな特徴です。また，軟らかく展性も高いので加工しやすく，さらに酸化されることにより表面に酸化アルミニウムの被膜が形成され，この被膜が腐食＊を防ぐ働きをもっています。これらの利点により，私たちの身のまわりでは鉄に次いで多く使われています。

アルミニウムの電気伝導率は銅の約60％です。したがって，銅と同じ電流を流そうとすると1.6倍の断面積が必要ですが，比重が1/3のため，同じ重量だと2倍電気を流すことができます。磁気を帯びないという利点もあるため，現在では高圧送電線の約99％に使われています。

アルミニウムは光，電波，熱をよく反射するので，暖房器具の反射板，照明機具，コピー機などのドラム，光エレクトロニクス製品，宇宙服などに使われています。また，無毒無臭なので，飲料缶をはじめ，食品の容器，アルミホイル（0.2～0.006 mmの厚さまで延ばしたもの），錠剤やトローチなどのカプセルが入っている銀色の台紙や，チョコレートを包んでいる紙など，食品・医薬品の包装，医療機器などに広く利用されています。

アルミニウムの原鉱石はボーキサイトですが，ボーキサイトからアルミニウムを精錬するには大量の電気が必要で，製造価格のほとんどが電気代といわれています。しかし，リサイクルする場合は，ボーキサイトからつくるのに比べわずか3％の電力で精錬することができます。アルミニウム製の飲料缶のリサイクルが推奨されている理由です。

11.5 銅

人類が利用した最初の金属は銅であるといわれています。紀元前9000年頃の北イラクの遺跡から，自然銅を利用した銅のビーズが発見されています。銅とスズの鉱石は混在することから，メソポタミアでは紀元前3500年頃から，銅にスズを混ぜた青銅で道具をつくるようになりました。青銅器はエジプト，中国（殷王朝）などでも使われるようになり，世界各地で青銅器文明が花ひらいたのです。

日本でも，弥生時代の紀元前200年頃から銅器を使っていました。銅鐸（図11.5）をはじめ，青銅の鏡，剣や矛などが残されています。これらの青銅器が国産なのか中国から渡ってきたものなのかは不明のままです。奈良の東大寺の大仏や，各地の寺院の釣り鐘なども青銅でできています。

銅は赤褐色の柔らかい金属です。銀の次に電気をよく通し，価格も比較的安いことから，電線やケーブルの材料として使われています。また，銅イオンは殺菌作用をもつことから，抗菌仕様の靴下などで利用されている抗菌繊維には，細い銅線を原料とする糸（カプロン糸）が使用されています。

図11.5 銅鐸
静岡県引佐郡細江町岡地舟渡で出土した弥生時代の銅鐸（岡地舟渡一号銅鐸）（東京大学総合研究博物館ホームページ http://www.um.u-tokyo.ac.jp/DM_CD/DM_CONT/DOTAKU/HOME.HTM より）

11.6 貴金属

　金，銀，白金など，光沢が美しく，産出量が少ない高価な金属を貴金属と呼んでいます。一般に，耐腐食性があるのが特徴です。

　金は貴金属の代表であり，その美しい光沢と希少価値により，最も貴重なものとして扱われてきました。金属元素の中で最も安定で，熱，湿気，酸素，そのほか多くの化学物質に対して変化を受けませんが，王水（塩酸と硝酸を体積比で3：1に混合したもの）が金を溶解することができることはよく知られています*。金には，古くから信仰的に薬効があると信じられてきました。現代でさえも，からだによいとして金粉入りの酒などが売られていますが，その化学的性質から考えて薬効は望めないでしょう。

　化学的安定性に加えて，大変柔らかく細工しやすく，展性や延性に優れているのも特徴です。1g（1辺およそ4mmの立方体）あれば1m^{2}まで延ばすことができ，引っ張れば3kmもの長い針金になります。

　金の含有量を示すのに，22金とか18金という言葉があります。金100％すなわち純金を24金（24Kと書くこともあります）として，22金は全重量の22/24（91.7％），18金は18/24（75.0％）の金が含まれていることを意味しています。金のほかは一般には銀や銅です。銅を含むと赤みがかり，銀では青みがかります。ニッケルやバナジウムを混ぜると白色となり，ホワイトゴールドと呼ばれます。

　銀は，電気や熱の伝導率，および光の反射率のいずれも金属中で最大です。銀色に見えるのはそのためです。また，強い抗菌作用があり，古代ローマ時代から水や食べ物の保管に銀の壺や食器が用いられていました。

　貴金属の中では比較的化学変化しやすく，空気中に硫黄化合物（自動車の排気ガスや温泉地の硫化水素など）が含まれていると，表面に硫化銀ができ黒ずんできます。銀の食器や銀時計がいつの間にか光沢を失い，黒ずんでくるのはこのためです。また，古くから支配層，富裕層の人々に銀の食器が好まれて用いられてきた理由の一つは，ヒ素などの毒を混入された場合に，化学変化による変色で異変を素早く察知できるからであるといわれています。

　銀はまた，写真の感光剤として利用されています。写真のフィルムには臭化銀が塗られています。臭化銀は光に当たると銀を生成します。フィルムを現像液に浸けると，臭化銀は現像液に溶け出しますが，銀に変化した部分は溶けません。光の当たり具合で銀の沈着物の濃淡ができることを利用しているのです。

　白金は，一般にはプラチナと呼ばれています。細かい加工に適してい

*****金を溶かす方法**

　王水以外にも金を溶かす方法があり，いろいろな目的に使われてきました。たとえば，金鉱石や金を含む廃棄物から金を回収するために，王水やシアン化合物（および酸素）に溶かす方法が使われました。金メッキにはシアン化合物の形になった金の水溶液が使われます。このほか，ハロゲン（塩素，臭素，ヨウ素）とそれらの化合物を含むメタノールやエタノールなど（消毒に使うヨードチンキはこの組み合わせになっています）も金を溶かすことができます。また，奈良時代につくられた東大寺の大仏は，金を水銀に溶かしてこれを銅製の大仏の表面に塗ってから加熱し，水銀を蒸気として気化させて，結果として金のみを表面にかぶせるようにしたのです。

るので繊細な装飾品として利用されています。また，化学的に極めて安定で酸化されにくいこと，融点が 1772℃ と高いことなどから，実験道具 (白金るつぼなど)，電極，自動車の点火プラグなどに利用されています。

column　金属と色

　金属は広い範囲のいろいろな場面で，色と深い関係があります。古代から使われてきた無機の顔料のほとんどが金属の化合物であること (表 10.1 参照) はすでに述べました。焼きものの色，ステンドグラスや薩摩切子などのガラスの色にも使われています。また，ルビーやサファイアなどの宝石の色も金属の混入によるものです (次頁コラム参照)。

　焼きものでは，陶器や磁器に光沢を与える釉薬 (うわぐすり) に金属の酸化物を加えます。鉄，銅，マンガン，コバルト，クロム，ニッケルなどの金属が使われますが，釉薬の組成，焼き方，ほかの添加剤などにより色合いは非常に変わります (表 3.2 参照)。一方，ガラスにおいても，含まれている金属イオンの種類により異なった色になります。たとえば，ビール瓶の褐色には鉄が，交通信号機の赤い色にはカドミウムが入っています。

　いくつかの金属は，炎の中で加熱するとそれぞれ特有の色の炎を出します。これを炎色反応(表)といい，これらの金属の存在の確認や定量に用いられています。コンロにかけた味噌汁が吹きこぼれると黄色の炎が立ちますが，これは食塩 (塩化ナトリウム) のナトリウムが燃えた色です。夏の夜空を彩る花火は，いくつかの金属を混ぜ合わせ，それを火薬により火をつけ熱してさまざまな色を出させたものです。

表　主な金属の炎色反応

金属	色
ナトリウム	黄
カリウム	赤紫
バリウム	緑，黄緑
銅	青，青緑
スズ	青
ストロンチウム	深紅
ルビジウム	赤

人工宝石が可能になってきた

　アクセサリーなどの装飾に使われる鉱物を，一般に宝石といいます。宝石の独特な美しい色は，ガラスの色と同じように，微量な金属の混入によるものです。たとえば，ルビーもサファイアもアルミナ(酸化アルミニウム)の結晶ですが，これに1～4％の酸化クロムが含まれると赤いルビーに，約1％の酸化鉄と0.1％の酸化チタンが含まれると青色のサファイアになります。また，キャッツアイのように石の中に輝く線が見えるのは，結晶の中に微細な線状の混入物が含まれていて，それが結晶の面に沿って並んでいるために現れたものです。

　現在では，宝石の化学的組成や結晶構造が解明され，そのほとんどすべてを人工的につくることが可能になってきました。最初に成功したのはルビーとサファイアです。アルミナを高温で溶かし結晶化させるとき，酸化クロムなどを少量添加すればよいのです。この方法で直径8cm，長さ10cm，重さ1万カラットのサファイアがつくられたということです。

　ダイヤモンド，エメラルド，キャッツアイ，オパールも人工的につくられるようになりました。専門家でも鑑定が困難なほど天然品とよく似ていて，しかし天然品の数分の一から数百分の一の価格であっても，多くの人びとが天然品を好むのは，美しさよりも希少価値にあるようです。

第12章 進化し続けるプラスチック

　私たちの身のまわりには，金属，木や紙，陶磁器のいずれにも属さない材料からできているものがたくさんあります。これらの大部分は，プラスチックと呼ばれる合成有機高分子化合物です。プラスチックは，樹脂や繊維など天然のものの代替えとして開発が進められましたが，現在では単なる代替品ではなく，より優れた性能や機能をもつ全く新しい素材として発展しています。

12.1　合成樹脂とプラスチック

　初めて合成されたフェノール樹脂が天然樹脂の松ヤニに似た外観をしていたことから，天然のものに対して**合成樹脂**と呼ばれました。しかし現在は，**プラスチック**と呼ぶことが多くなりました。

　以前は，プラスチックの主な原料は石炭でしたが，現在はほとんど，石油が出発原料となっています。プラスチックは，型にはめて大量に簡単に成型できること，軽くて変化しにくいこと，使用する目的・用途に合わせた性能をもつものをつくることが可能なことなどの特徴のため，従来は木材や金属が使われていた分野にも進出し，日用品をはじめ，医療分野や工業分野の製品や原料として，現代社会で幅広く用いられています。

　日本のプラスチック生産量は，1955年から2005年の50年間で150倍にも増加しています（図12.1）。繊維，医薬品，肥料などを含む，日本で生産されている全化学製品生産の約30％を占めています。

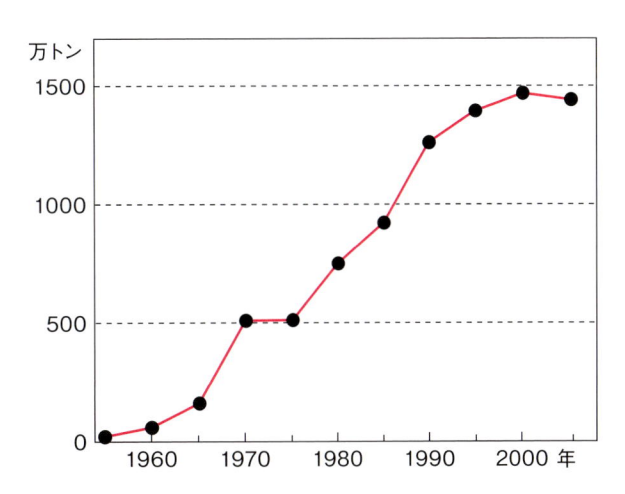

図12.1　日本におけるプラスチック生産量の変遷
（日本プラスチック工業連盟ホームページ http://www.jpif.gr.jp/00plastics/plastics.htm を改変）

12.2 天然品の代替えとして生まれたプラスチック

　製品としてのプラスチックが世に出回ったのは，万年筆の軸などに使われたエボナイトが最初で，1851年のことでした。それ以後，1868年にはセルロイド，1884年にはレーヨンが開発されました。しかし，これらは天然ゴムやセルロース(p.109)などの天然の高分子を原料としてつくられているので半合成品といえます。

　セルロイドは，加熱すると軟らかくなりどのような形にも加工することができるので，人形，おもちゃ，文具などをはじめ，写真や映画のフィルムにまで使われ，第二次大戦直後に至る約80年間にわたりプラスチックの花形でした(図12.2)。しかし，セルロイドの原料は，火薬にも使われるニトロセルロースであり，極めて燃えやすいという欠点をもつため，今は別のプラスチックに置き換えられています。

図12.2 セルロイド製の人形たち
(セルロイド・ドリームホームページ http://www.celluya.com/ より)

　完全な化学合成品，すなわち，小さな簡単な分子を原料として合成されたプラスチックとしては，1907年に登場したフェノール樹脂が最初です。フェノール樹脂はフェノールとホルムアルデヒドを原料としてつくられており，電気的な絶縁性があることから，電球のソケット，スイッチなどの配線器具や電話機などに広く使われました。

　1930年頃，タンパク質，デンプン，天然ゴムなどの天然物質を含め，高分子化合物の構造が明らかになり，高分子化合物は小さな分子が単に寄り集まったものではなく，小分子が多数結合(重合)した化合物であるということがわかってきました。この結果をもとに，カロザースは，1931年，初めて合成ゴムの製造に成功しました。

　絹はフィブロインといわれるタンパク質からできており，主成分のグリシンとアラニン，およびそのほかのアミノ酸(13.1節参照)が1000個以上鎖状に連結しています。そこでカロザースは，アミノ酸そのものを使わなくても，アミノ酸をつなげたような結合をつくれば絹に近いものができると考えて，後に説明するような方法(p.99)でナイロンを合成しました。ナイロンは，「石炭と空気と水からつくられ，クモの糸より細く，絹より美しく，鋼鉄より強い」というキャッチフレーズで1937年に発表され，ストッキングをはじめ多くの衣料品に使われるようになりました。

　前後して，ポリ塩化ビニル(1927年)，ポリエチレン(1933年)，ポリスチレン(1935年)，メラミン樹脂(1938年)など，優れた性質をもつプラスチックが次々と開発されました。また，ナイロンの開発より2年後，日本の桜田一郎は2番目の合成繊維であるビニロンを開発しました。

12.3 プラスチックの特徴

プラスチックは，木材や金属などのこれまでの材料にはないさまざまな特徴をもっています。主な一般的な特徴は，プラスチック（もとの意味は「可塑性」）という名前のとおり自由な形に簡単に成型できること，電気を通さないこと，軽くて化学的に安定で水や薬品などに強いこと，金属のようにはさびないこと，着色しやすいことなどがあげられます。

これらの長所をもつ反面，大きな力を加えると壊れやすいこと，有機溶剤に溶けやすいこと，熱に弱く，強く加熱すると分解しやすく燃えやすいこと，紫外線に弱く太陽光に当たると劣化が速いこと，さらに，静電気を発生しやすく，小さな塵やほこりを吸着しやすいことなどの欠点も指摘されてきました。

また，化学的に安定であるという性質は利点ではあるのですが，同時に，使用した後で廃棄したとき，腐らずにいつまでも残ることを意味しており，環境汚染を引き起こしている原因の一つになっています。

しかし，化学合成は目的・用途に合わせた性能をもつものをつくることができるという大きな特徴をもっており，現在では，使用目的に応じて，このような一般的な性質に当てはまらないプラスチックも開発されています。たとえば，電気を通す導電性プラスチック，熱に強い難燃性プラスチック，微生物により分解される生分解性プラスチックなどです。

12.4 プラスチックの基本的な構造

プラスチックは，化学的には炭素原子がつながった分子が基本になっています。炭素には4本の結合の手がありますが，2本は炭素同士の結合に使用され，残りの2本には水素や塩素やいろいろな化学基が結合します。

たとえば，炭素を順番につなげていき，残りの手にはすべて水素が結合しているとき，炭素1個ではメタン，2個ではエタン，3個ではプロパンといい，いずれも気体で燃料となります。炭素数8個のオクタンは液体です（図12.3）。

さらに炭素数が多くなり鎖が長くなると，粘性のある液体状態から固体になります。炭素数が20個以上のものをパラフィンと呼んでいます。鎖の短いパラフィンは流動パラフィンといい，化学的に安定なため，医薬品，化粧品，食品の添加物や塗料の原料として使われています。鎖の長いパラフィン（炭素数40〜60）はワックスと呼ばれており，爪を立てられる程度の軟らかい固体です。炭素が数百から千個以上のものがポ

図 12.3　簡単な炭化水素の構造と名前

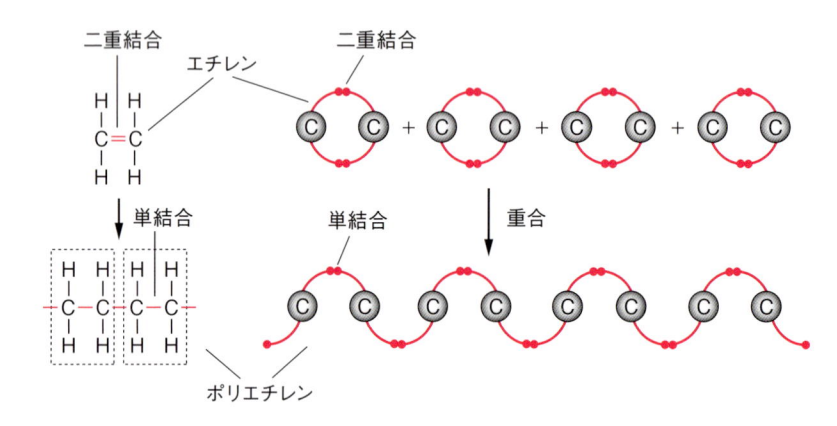

図 12.4　エチレンとポリエチレン

リエチレンで，硬い固体です。

　ポリエチレンはプラスチックの中では最も簡単な構造をしており，高分子の代表とされています。ポリエチレンのポリはラテン語で「たくさん」を意味する接頭語です。すなわち，"エチレンがたくさん結合したもの"という意味です。

　エチレンは，エタン (C_2H_6) から水素が 2 個減って炭素同士が二つの手で結合 (二重結合) した物質 (C_2H_4) です (図 12.4)。エチレンの二重結合を構成する 2 本の手のうち，1 本が手を開き，代わりに別のエチレン分子と手を結び，多数のエチレンがつながったものがポリエチレンです。

　エチレンの水素がほかのさまざまな化学基に置き換えられた化合物を材料として，違った性質をもつ多種類のプラスチックがつくられています。たとえば，エチレンにフェニル基 (ベンゼン環，p.57) が置換したスチレンが重合すると，ポリスチレン (図 12.6) となります。

タンパク質（フィブロイン）
－NH（アミノ酸）CO－NH（アミノ酸）CO－NH（アミノ酸）CO－NH（アミノ酸）CO－

ナイロン
－NH（(CH$_2$)$_6$）NH－CO（(CH$_2$)$_4$）CO－NH（(CH$_2$)$_6$）NH－CO（(CH$_2$)$_4$）CO－
　　　ヘキサメチレンジアミン　　アジピン酸

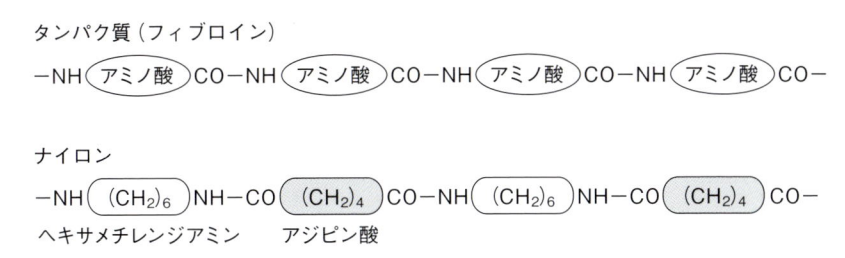

図 12.5　ナイロンとタンパク質の構造
ナイロンとタンパク質での単量体間の結合は同じ様式である。

　用途によっては，2種類以上の単量体を使用することもあります。たとえば前出のナイロンは，炭素数6個のジアミン（ヘキサメチレンジアミン，H$_2$N－(CH$_2$)$_6$－NH$_2$）とジカルボン酸（アジピン酸，HOOC－(CH$_2$)$_4$－COOH）とが原料で，これらが交互に多数結合したもの $\{\mathrm{-CONH-(CH_2)_6-CONH-(CH_2)_4-}\}_n$ です。両者が結合している様式は，絹の主成分であるフィブロインなどタンパク質においてアミノ酸が結合している様式（ペプチド結合，図 13.2 参照）と似ています（**図 12.5**）。

12.5　プラスチックの種類と用途

　私たちの身のまわりにあるプラスチックだけでも，さまざまな性質のものがさまざまな用途に使われています。たとえば，スーパーのレジ袋やゴミ袋，食品などの包装フィルムのような，薄く，軽く，軟らかなもの，食器やトレーなどの軽く硬いもの，カップ麺容器のように，軽くて熱を伝えにくいけれど力を加えるともろく壊れるもの，テレビやオーディオ機器などの外箱のように，弾力があるが硬くて丈夫なもの，ヘルメットやバイクなどの保護カバーや自動車のバンパーなどに使われている，さらに強くて丈夫なもの，イス，ソファーや座布団などに使われている，弾力があり力を吸収するクッション材，自動車の窓やコンタクトレンズのように硬くて透明なものなど，あげればきりがないほどの種類と用途があります。

　主なプラスチックの特徴と用途を**表 12.1** にまとめています。それぞれの性質にあった使い方がされていることがわかります。しかし，同じ種類のプラスチックでも，加工法を工夫することにより，全く違った使い方をされることもしばしばあります。

　たとえば，ポリスチレンは安価で容易に成形できるので，日用品やプラモデルの素材として広く用いられていますが，同時に，揮発性の液

第12章　進化し続けるプラスチック

表12.1　主なプラスチックの特徴と用途

種類	特徴	用途
ポリエチレン	透明乳白色，軟らかい	容器，包装，袋，ラップ
ポリプロピレン	ポリエチレンと似ている 熱に強い	容器，包装，洗面器，衣装ケース，繊維
ポリスチレン	耐衝撃性，絶縁性 発泡ポリスチレンは白くて軽く，耐衝撃性	電気製品の外箱，プラモデル 発泡スチロール，使い捨てカップ
ポリ塩化ビニル	無色透明から不透明なものまで多種，薬品に強い	ポリバケツ，電線の被覆，シート，合成皮革，配水管，テーブルカバー
ポリエチレンテレフタレート	略称はPET，耐久性，耐しわ性	ペットボトル，ポリエステル繊維，ビデオテープ
ポリカーボネート	透明，衝撃に強い，耐熱・耐寒性	CD，DVD，車などのランプカバー，携帯電話，ゴーグル，透明容器
ポリテトラフルオロエチレン	耐熱性，耐薬品性	テフロン，フライパンのコート，薬品の容器，機械部品，断熱材
アクリル樹脂	透明，衝撃に強い	有機ガラス，自動車などの窓，コンタクトレンズ，水槽，照明器具
ポリアミド	耐摩耗性，耐寒冷性，耐衝撃性	ナイロン，衣料，ロープ，各種歯車，ファスナー
ポリアクリロニトリル	保温性，耐光性	カシミロン，エクスロン，衣料，布団ワタ，カーペット，カーテン

（日本プラスチック工業連盟ホームページ http://www.jpif.gr.jp/00plastics/plastics.htm をもとに作成）

* **ポリプロピレン，ポリビニルアルコール**
　ポリエチレンにおけるエチレン単位の片方の炭素についている1個の水素がメチル基，ヒドロキシ基に置き換わったものが，それぞれポリプロピレン，ポリビニルアルコール。また，この水素が塩素，フェニル基に置き換わったものが，それぞれポリ塩化ビニル，ポリスチレン。

$-(CH_2CH_2)_n-$　ポリエチレン
$-(CH_2CH(CH_3))_n-$
　　　　　　　ポリプロピレン
$-(CH_2CH(OH))_n-$
　　　　　　ポリビニルアルコール
$-(CH_2CHCl)_n-$
　　　　　　　ポリ塩化ビニル
$-(CH_2CH(C_6H_5))_n-$
　　　　　　　ポリスチレン

体を混ぜて加熱させてからその液体を気化させ泡をつくらせると発泡スチロールになり，また，オーブンレンジなどを使って熱することで硬いプラスチック状に固められることを利用すると，プラ板として，学校の工作で使用されたり，キーホルダーなどの工芸品の素材になります（図12.6）。

　1種類のプラスチックでできていると思っているものが，実は性質の違う何種類かのものの組み合わせであることもあります。たとえば，かき餅や油菓子を包む袋は，3枚の非常に薄いプラスチックの膜を張り合わせたものです。外側から，水を通さなくて印刷が可能なポリプロピレン*，次に酸素を通さないポリビニルアルコール，そして水を通さないポリエチレンの，それぞれ特徴の異なるプラスチックからできています。

12.6　金属やガラスの代わりをするプラスチック

　化学合成の特徴は，分子の構造を工夫することによって目的に合った性質をもたせることができることですが，その利点が存分に発揮され，さまざまな機能が強化されたプラスチックがつくられています。

12.6 金属やガラスの代わりをするプラスチック　　101

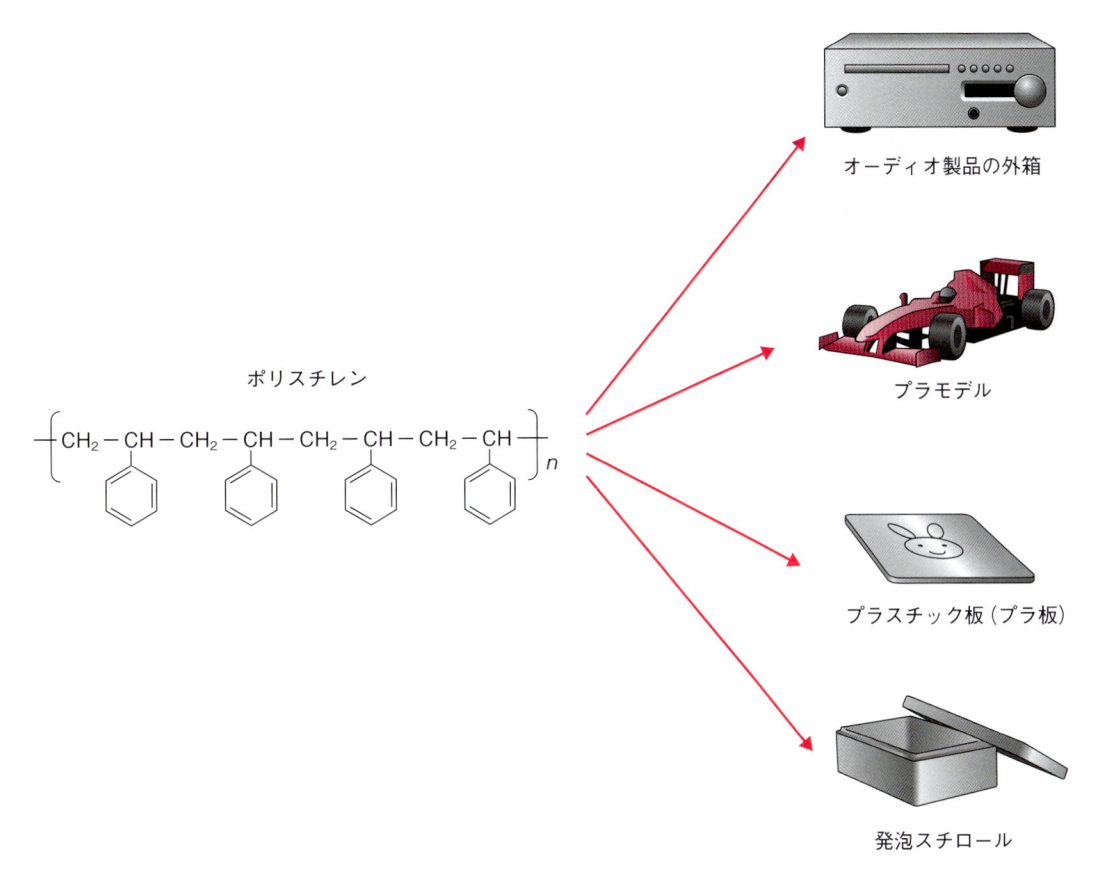

図 12.6　ポリスチレン製品の例

　その一つは耐熱性と硬度です。プラスチックはさびることはありませんが，金属に比べ硬さが劣り，また，温度が高くなると軟らかくなったり，形が変形したりし，油性のものにも弱いという欠点があります。

　ところが，これらの欠点が改良され，軽くて熱に強く (260℃にも耐える)，金属のように硬いプラスチックが開発され，自動車のエンジン部品や家電製品などの機械部分に使われています。また，安価で，微細な加工も可能なことから装置の小型化にも役立っており，家電製品や携帯電話などの小型化に貢献しています。

　プラスチックは電気を通さないことが特徴でした。しかし，2000年度のノーベル化学賞を受賞した白川英樹は，電気を通す (導電性) プラスチックを発見しました。金属に比べ軽くて柔軟性があるので，私たちの身のまわりにある時計や携帯電話，電卓，パソコンの電池や IC (集積回路) やセンサーなど，さまざまな電子機器で活躍しています。

　一方，光を通すプラスチックも広く使われています。透明で硬く割れにくいので，ガラスに代わりつつある分野もあります。たとえば，現

在，眼鏡レンズの 90％はプラスチックです。また，ガラスに比べ軽く安価なので，光ファイバーとして使われています（図12.7）。今のところ，ガラスより透明度が落ちるため国外への長距離高速伝送には適しませんが，国内での近距離の伝送に用いられています。

12.7　環境にやさしいプラスチック

　プラスチックの利点の一つは分解しにくく腐らないことで，それだからこそ，これまで各種の耐久性を必要とする製品に用いられてきました。しかし，そのため自然の条件では分解しにくく，高温による燃焼や紫外線照射などでしか分解できないのが難点です。そこで，廃棄するといつまでもゴミとしてたまり，環境破壊として問題となっています。

　この欠点を補うものとして，生分解性プラスチックが開発されています。これは，比較的強度と耐久性があり，しかも土中に埋めれば土壌微生物により分解され，最終的には水や二酸化炭素になるものです（図12.8）。さらに，通常のプラスチックより低い，紙を燃やすのと同じくらいの温度で燃やすことができ，その際，ダイオキシンなどの有害物質を発生しないという利点があります。

　現在，3つの方向から開発が進められています。微生物がつくる分子を利用する方法，デンプンやセルロースなどの天然高分子を加工する方法，微生物が分解できる高分子を化学的につくる方法などです。

　最も研究と実用化が進んでいる生分解性プラスチックはポリ乳酸です。乳酸菌は，トウモロコシやサツマイモのデンプンを処理して得られるグルコースなどを栄養源にして乳酸をつくります。この乳酸を化学的に重合してポリ乳酸をつくるのです。ポリ乳酸は，微生物がつくったものを原料にしているので微生物が分解できるのです。

図12.7　光ファイバー

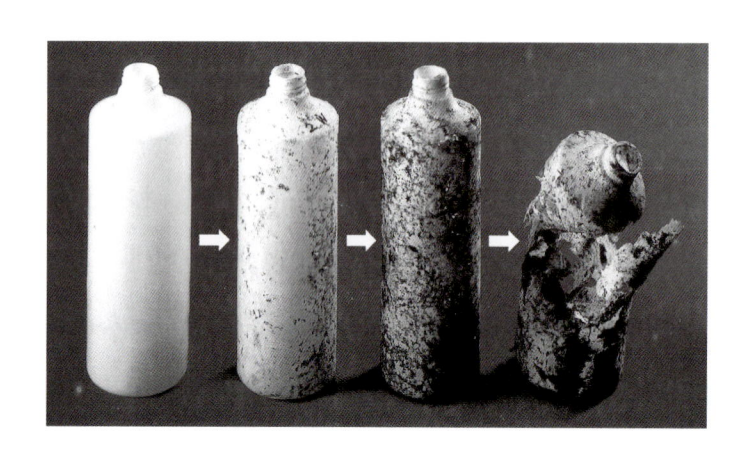

図12.8　生分解性プラスチックの分解（堆肥化装置中 50℃）
（日本バイオプラスチック協会ホームページ http://www.jbpaweb.net/gp/gp_merit.htm を改変）

重さの数百倍の水を吸うプラスチック

　自分の重さの数百倍の水を吸収することができるプラスチック(吸水性ポリマー)がさまざまな分野で活躍しています。吸水性ポリマーは，はじめは土壌改良剤として開発されましたが，生理用品や紙オムツなどに転用されて大幅に需要が延びました。このポリマーは，電荷をもつ基が並んだ繊維が網目状になっており，内部は塩濃度が高い状態になっています(図)。そこで，水は浸透圧によりポリマーの中に入っていきます。いったん入った水はゼリー状になっていて，圧力をかけても簡単にはしみ出てきません。

　吸水性ポリマーは，そのほか思わぬ所で利用されています。土のう，砂漠の緑化，農地の土壌保水剤，観葉植物などのポット，海外から魚を運ぶときの箱，スーパーに売られている肉や魚のトレーの底敷き，トンネルの裏の隙間を埋める資材など，規模の違いはありますが，いずれもその大きな吸水力を利用しています。

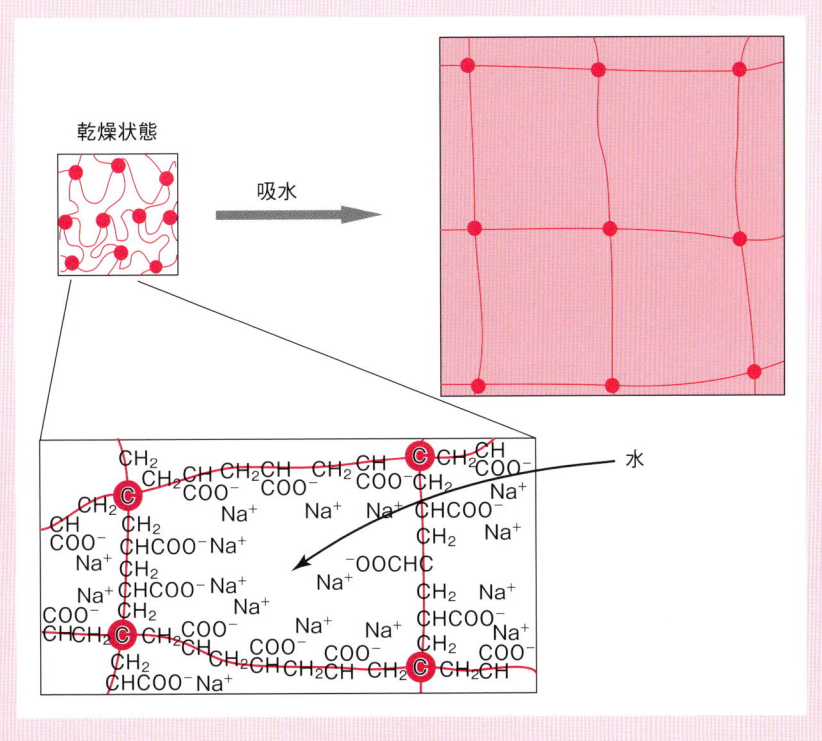

図　吸水性ポリマー

第 3 部
いのちを知る

第13章
生体内で働いている分子たち

　生きものには，動物，植物，微生物など，大きさも形も生きている様子も非常に異なる極めて多くの種類がありますが，これらをつくっている物質は化学的に共通しています。生物をつくっている物質は，水，有機物，そのほかの物質に分けられます（**表13.1**）。生体内の主な有機物はタンパク質，糖質（炭水化物），脂質，核酸などです。ホルモンやビタミンなども有機物の仲間です。そのほかに，いくつかの無機物も私たちの活動には必須です。それらはどのようなもので，どのような働きをしているのでしょう。

表 13.1　生体を構成する分子

物　質	ヒト	大腸菌
水	62（%）	69（%）
タンパク質	18	16
核酸	1	7
糖質（炭水化物）	2	2
脂質	10	2
低分子有機分子*	3	3
無機物	4	1

＊ ビタミン，ホルモン，神経伝達物質，中間代謝物など

＊ **原形質流動**
　細胞内の細胞質が流れるように運動する現象をいいます。植物細胞でよく観察されますが，動物細胞を含めてほとんどの細胞でみられる現象です。

＊ **染色体**
　遺伝情報をもつDNAにタンパク質が結合して複雑に折りたたまれた物質です。生物の種類により数や形が決まっており，ヒトの細胞では46本存在します。細胞分裂のとき，複製された染色体が，新しい2つの細胞にもとの細胞と同じセットになるように移動します。

13.1　タンパク質とアミノ酸

　タンパク質は漢字では「蛋白質」と書きますが，蛋は卵のことで，蛋白質とは卵の白身をつくっている物質という意味から由来しています。英語ではプロテイン (protein) といいます。protein というのは，第一人者，最も大事なものという意味の proteios というギリシャ語に由来します。生体の中で最も重要な物質であるという意味です。

　タンパク質は，筋肉や毛髪，皮膚，内臓など，からだをつくっている材料として，生物が生きていくのに必要な代謝反応を行っている酵素として，ホルモンやその受容体など情報伝達物質として，筋肉の運動，原形質流動*，細胞分裂のときの染色体*の移動など，物質を運んだり運動を与えたり力を発生する駆動力として，さらに，各臓器に機械的強度と適度な弾力性を与えたり，軟骨やからだ全体の骨格をつくったり，細胞や細胞小器官*の形を保持したりと，生物が生きていくためのさまざまな場面で活躍しています。タンパク質は生命のすべての活動の担い手です。

　タンパク質は，アミノ酸が数十個から数千個，鎖状につながったものです。アミノ酸はその名前のとおり，1つの炭素原子に，アミノ基（$-NH_2$）と，酸の性質をもつカルボキシル基（$-COOH$）をもっています。さらに，この炭素原子に水素と側鎖が結合しています。立体的には，

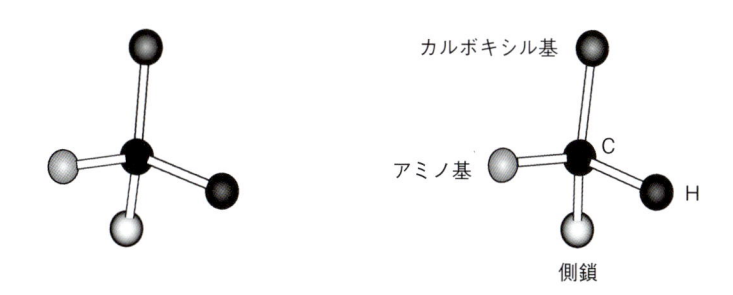

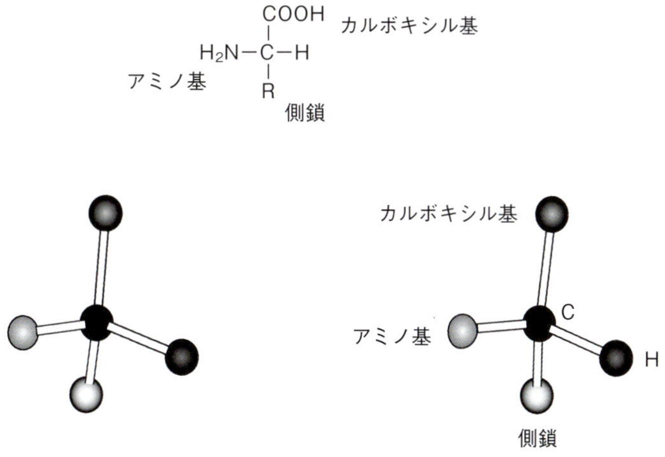

図 13.1 アミノ酸
炭素 (C) に結合しているアミノ基などは平面上に並んでいるのではなく，中心の炭素を紙面においたとき，左右の腕は手前に，上下の腕は紙面の下に突き出た立体構造をしている。その様子は下図の立体視像で見られる。左右の図をそれぞれ左右の眼で見て中央に像を結ばせるようにすると立体的に見える。(伊藤明夫:『自分を知る いのちの科学』(培風館，2005) を改変)

正四面体の中心に炭素原子があり，各頂点に向けて 4 つの化学基が結合している構造をしています (**図 13.1**)。

側鎖の構造の違いによりアミノ酸の種類が異なり，天然では 20 種類存在します。側鎖の中には，水と親和性があり細胞の中の水溶液中で溶けやすい性質 (親水性) のものや，反対に水となじまず油に溶けやすい

* **細胞小器官 (前頁)**
　細胞の中に存在する構造体の総称です。核，ミトコンドリア，ゴルジ体，小胞体など，それぞれ独自の形をもち，独自の働きをしています。

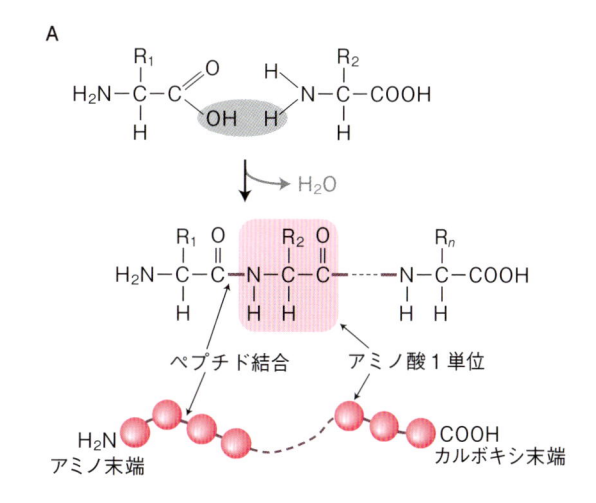

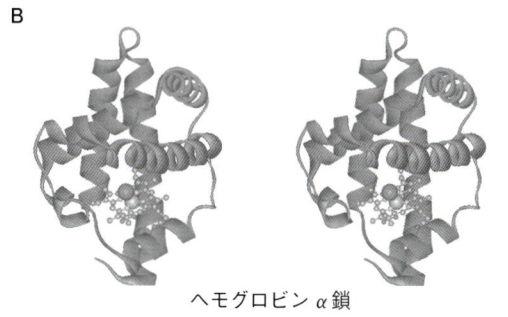

図 13.2 タンパク質の生成と立体構造
A：アミノ酸の連結によるタンパク質の生成。
B：タンパク質 (ヘモグロビン α 鎖) の立体構造の立体視図。この図では，アミノ酸の側鎖を省略し，鎖の部分をリボン状に表している。図の下部に酸素を運ぶヘムがあり，その部分の薄い丸が鉄原子，濃い丸が結合している酸素分子である。
(伊藤明夫:『自分を知る いのちの科学』(培風館，2005) を改変)

ヘモグロビン α 鎖

性質(疎水性)のものがあります。

タンパク質では，隣り合ったアミノ酸のアミノ基とカルボキシル基から水分子が除かれてペプチド結合という結合がつくられ，鎖状に次々とつなげられます(図13.2)。さらに，この鎖が各タンパク質に特定な形に折りたたまれることにより，独自の立体構造がつくられます。

タンパク質の種類や性質は，どのアミノ酸がどのような順序で何個つながっているか(アミノ酸配列)によって違います。それぞれのタンパク質はそれぞれ特有のアミノ酸配列をもっており，それは遺伝子によって決められています。

13.2 糖　質

糖質はしばしば炭水化物とも呼ばれています。単糖類は，タンパク質におけるアミノ酸のように糖質の最小のユニットで，このユニットが

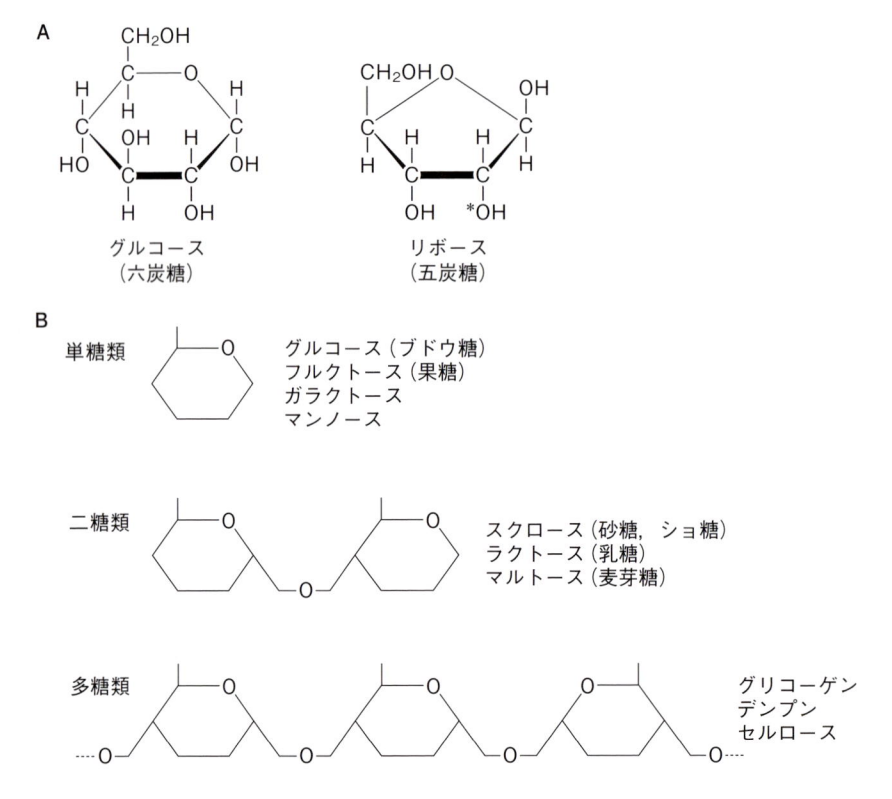

図13.3　糖質
A：グルコースとリボースの構造。DNAの構成成分であるデオキシリボースではリボースの＊印のOHがHに置換している。
B：単糖類，二糖類，多糖類の模式図

2つ結合したものを二糖類，多数結合したものを多糖類と呼びます（図13.3）。

天然には200種類もの単糖類が見つかっていますが，私たちに身近なものは，グルコース（ブドウ糖），フルクトース（果糖），ガラクトース，マンノース，リボースなどです。前の四つは炭素数が6個の糖で六炭糖（ヘキソース：ギリシャ語で6はヘキサ）の仲間で，リボースは五炭糖（ペントース：ギリシャ語で5はペンタ）です。グルコース，ガラクトース，マンノースはいずれも六角形をしていますが（図13.3 A），炭素へのヒドロキシ基（OH基）と水素の結合の方向がそれぞれ異なります。一方，フルクトースは六炭糖ですが，リボースに似た五角形をしています。

グルコースは血液中や細胞内に存在し，細胞のエネルギー源となっています。血流中に流れているグルコースを血糖といいます。フルクトース，ガラクトース，マンノースなどは単糖として存在することは少なく，ふつう，二糖類，あるいは複合糖質としてほかの糖やタンパク質などと結合しています。

二糖類は2個の単糖から水がはずれて結合したもので（図13.3 B），代表はスクロース（ショ糖，砂糖ともいう），ラクトース（乳糖，母乳や牛乳の成分），マルトース（麦芽糖）などです。これらはそれぞれ，グルコースにフルクトース，ガラクトース，グルコースが結合したものです。

代表的な多糖類は，デンプン，グリコーゲン，セルロースです。デンプンは植物がグルコースを貯蔵するためにつくったもので，数百個から数千個のグルコースが直鎖状（アミロース），または枝分かれして（アミロペクチン）つながったものです（図13.4）。

一方，グリコーゲンは動物がグルコースを一時貯蔵するためにつくったもので，アミロペクチンよりもっと枝分かれの多い複雑な構造をしています。主に肝臓でつくられていますが，血糖や細胞のエネルギーの必要性に応じて素早く合成されたり，分解されたりしています。

セルロースは植物の細胞壁の主成分で，数千個のグルコースが並んでいます。グルコース間の結合の仕方がデンプンやグリコーゲンとは少し違うため，私たち人はセルロースを分解することができません。セルロースが栄養源にならない理由です。

糖質の最も大きな役割は，生体内で分解されてエネルギー源になることです。タンパク質や脂質に結合した糖質は，血液型物

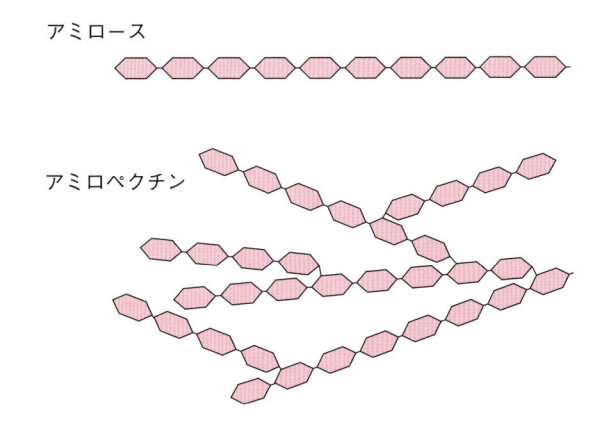

図13.4　アミロースとアミロペクチン

質（章末コラム参照）のように細胞や器官の特徴を示したり，細胞間の情報伝達を行う働きをしています。

13.3 脂　質

　脂質は，水になじまない性質をもつ生体中の有機化合物の総称で，脂肪酸，中性脂肪，リン脂質，ステロイドなど広範囲な物質が含まれます。

　脂肪酸は，疎水性の長い炭化水素の鎖の端に親水性のカルボキシル基をもつ化合物で，多くの場合，中性脂肪やリン脂質の成分として存在します（図13.5）。脂肪酸にも多くの種類がありますが，それらの違いは，炭化水素鎖の長さ（天然では4～20個）と，鎖の中に不飽和結合（二重結合）があるかどうかによります。不飽和結合をもたないものを飽和脂肪酸，もつものを不飽和脂肪酸といいます。

　炭素鎖が長くなるに従って融点が高くなり，室温で液体から固体になります。たとえば，炭素数が10個までの短いものは室温では液体ですが，それ以上長くなると固体になります。同じ炭素数であれば飽和脂肪酸より不飽和脂肪酸の方が，また，不飽和度が高い（二重結合の数が多い）方が融点が低く，液体の性質を示します。たとえば，炭素数18個の脂肪酸では，飽和脂肪酸のステアリン酸の融点は70℃ですが，二重結合が1，2，3個のオレイン酸，リノール酸，リノレン酸になるとそれぞれ13℃，－5℃，－16℃と低くなり，室温では液体です。植物性油の多くは液体ですが，それは不飽和脂肪酸が多いからです。

　中性脂肪は，グリセリンに1～3個の脂肪酸が結合したもので，グリセリドとも呼ばれます。その中で，グリセリンに3分子の脂肪酸が結合

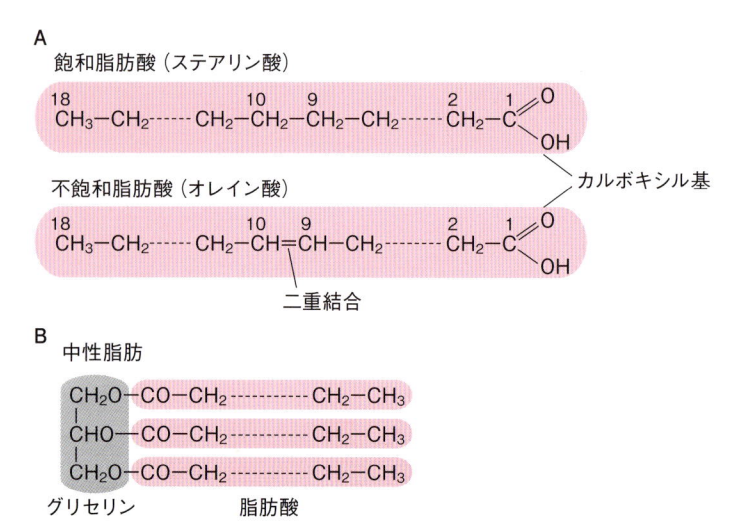

図13.5　脂肪酸 (A) と中性脂肪 (B)

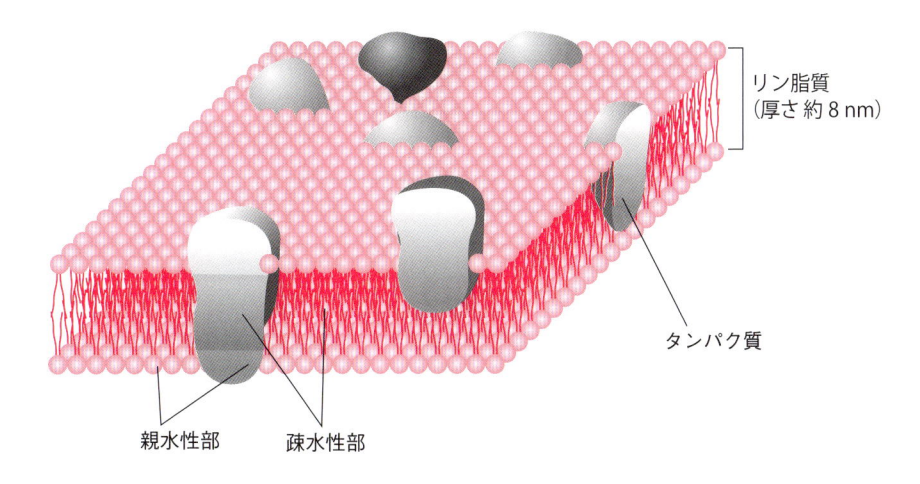

図 13.6　生体膜
(伊藤明夫:『細胞のはたらきがわかる本』岩波ジュニア新書 (岩波書店, 2007) をもとに作図)

したものをトリグリセリドといい，私たちの体脂肪の大部分を占めています。構成している主な脂肪酸は炭素数 16 個と 18 個で，二重結合が 0〜2 個のものです。中性脂肪は糖質と同様，私たちのからだのエネルギー源として代謝されます。

　リン脂質は，分子内にリン酸を含む脂質です。両親媒性を示し，親水部が外側に，疎水部が内側に並んだ二分子層の平面をつくることができます。このリン脂質の平面にタンパク質などが入り込んでできた膜が，細胞や細胞小器官を囲んでいる生体膜です (**図 13.6**)。

　ステロイドは，ステロイド環と呼ばれる分子構造をもつ一群の物質の総称で，コレステロール，胆汁酸＊，ステロイドホルモンなどが含まれます。コレステロールは生体膜の構成成分の一つですが，性ホルモンや副腎皮質ホルモンなどのステロイドホルモン (図 15.2 参照) や，胆汁酸の原料にもなります。

＊**胆汁酸**
　胆汁の主要成分で，肝臓でつくられ，胆のうで貯蔵，濃縮された後，小腸に放出されます。食物中の脂肪を分散させ，酵素による分解を助け，腸からの吸収を促進する働きをしています。

13.4　核　酸

　核酸には，デオキシリボ核酸 (DNA) とリボ核酸 (RNA) の 2 種類があります。DNA は遺伝子の本体であり，遺伝情報を子孫や新しい細胞に伝える働きがあります。RNA には，メッセンジャー RNA，転移 RNA，リボソーム RNA の 3 種類がありますが，いずれも，DNA の情報を細胞の中で発揮させる過程で働いています。

　DNA も RNA も，ヌクレオチドと呼ばれる「塩基－糖－リン酸」というユニットが多数つながったものです。ヌクレオチドがつながることに

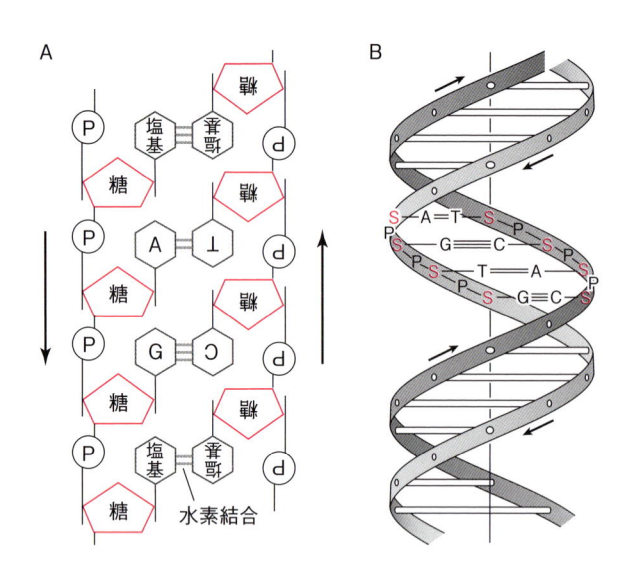

第13章　生体内で働いている分子たち

図13.7　核酸（DNA）
DNAは二重らせん構造をしているが、二つの鎖は互いに逆方向を向いている。Pはリン酸、Sは糖。

より、－糖－リン酸－糖－リン酸－という長い鎖ができ、それぞれの糖部分に塩基が結合しています（図13.7）。

DNAとRNAの大きな違いは、構成している糖がDNAではデオキシリボース、RNAではリボース（図13.3）であることです。また、DNAを構成する塩基には、アデニン（A）、グアニン（G）、シトシン（C）、チミン（T）の4種類があり、これらが並ぶ順序がDNA分子ごとに異なり、それぞれの特徴を表します。RNAでは、アデニン、グアニン、シトシンと、チミンの代わりにウラシル（U）が使われています。

DNAは2本の鎖が向き合って二重らせんになっており、二つの鎖の塩基同士はアデニンとチミン、グアニンとシトシンというように結合する相手が決まっています。そしてアデニンとチミンは2本の、グアニンとシトシンは3本の水素結合でつながっています。RNAはふつう1本の鎖のままですが、鎖の中で部分的に二本鎖になることもあります。

column　細胞の中にタンパク質は何個くらいある？

細胞の中で実際にいろいろな働きをしているのはタンパク質です。では、働き手であるタンパク質は、細胞の中に、いったい何分子くらい存在するのでしょう。肝臓細胞を例に、1個の細胞に存在するタンパク質分子の数を概算してみましょう。

肝細胞を1辺20μmの立方体とすると、その体積は$(2 \times 10^{-5})^3 \mathrm{m}^3 = 8 \times 10^{-9}$mLです。細胞の大部分は水ですが、タンパク質などが溶けているので、その密度は約1.03 g/mL。したがって、細胞の質量は8×10^{-9}(mL)$\times 1.03$(g/mL)$= 8.2 \times 10^{-9}$gです。タンパク質は細胞質量のほぼ20％を占めるので、細胞内のタンパク質の総質量は1.64×10^{-9}g。タンパク質の平均的な分子量を50000とすると（全遺伝子の解析から酵母では52700と推定）、$(1.64 \times 10^{-9}\mathrm{g})/(50000\mathrm{g/mol}) = 3.3 \times 10^{-14}$molに相当します。1mol中の分子数は$6.02 \times 10^{23}$個なので、肝細胞1個当たりのタンパク質分子の総数は、3.3×10^{-14}mol$\times 6.02 \times 10^{23}$分子/mol$= 1.99 \times 10^{10}$分子、つまり約200億分子と計算されます。小さな1個の細胞の中に、地球上の総人口の約3倍に相当する個数のタンパク質分子が存在することになります。

13.5 ビタミン

タンパク質，糖質，脂質の三大栄養素が円滑に利用されるために必要な働きをする物質に，ビタミンとミネラル(無機質)があります。ビタミンはビタ(vita：生命)を与えるものという意味です。私たちのからだの活動には必須ですが，私たちが自らつくることはできないので，植物や微生物がつくったものを食物として摂取する必要があります。ビタミンは欠乏症があることから，その必要性が認められてきました。

ビタミンは，水に溶ける水溶性ビタミンと，油に溶けやすい脂溶性ビタミンに分けられます。水溶性ビタミンには，ビタミンBの仲間とビタミンCがあります。ビタミンBの仲間には，B_1，B_2，B_6，B_{12}，ナイアシンなど数種ありますが，いずれも特定の酵素に結合してその作用を助ける働きがあります。ビタミンCはアスコルビン酸ともいい，強い抗酸化作用＊をもっています。

一方，脂溶性ビタミンにはビタミンA，D，E，Kがあります。ビタミンAは，眼が光を感じるときに光の刺激を受け取る働きに関与しています。ビタミンDはカルシウムの吸収に，ビタミンEはビタミンCと同様の抗酸化剤として，ビタミンKは血液凝固系(16.4節参照)に作用しています。脂溶性ビタミンの多くは，欠乏症状と働きとが直接関連しています。

＊ **抗酸化作用**
　活性酸素(2.2節参照)など酸化作用をもつ物質と反応して，その作用を抑え無毒化します。

13.6 無機質

私たちのからだに含まれている無機質を多い順に並べると，カルシウム，リン，カリウム，硫黄，ナトリウム，塩素となります(表13.2)。カルシウムは体重60kg当たり約1kg含まれているといわれており，主に骨や歯の構成成分として働いています。リンは骨などのほかに核酸，リン脂質などの成分として，カリウム，ナトリウム，塩素は細胞の浸透圧の調節や神経の伝達に関係しています。

このほか，ごく微量にしか含まれていないのですが，必要不可欠な元素があります。鉄，亜鉛，マンガン，銅，モリブデン，ヨウ素などです。これらの元素は，特定のタンパク質に結合してそのタンパク質の働きに直接関与しています。

表13.2　人体に含まれる主な無機質

無機質	重量(g)
カルシウム	1100
リン	600
カリウム	240
硫黄	180
ナトリウム	120
塩素	120
マグネシウム	60
鉄	2.4
亜鉛	1.2
セレン	0.018
マンガン	0.018
銅	0.012

(体重60kg当たり)

ABO 血液型の違いは糖鎖の違い

　輸血は 17 世紀から始まりましたが，当時は成功するかどうかはまさに運で，やってみないとわからないという状態でした。1900 年，オーストリアのランドシュタイナーは，研究仲間や実験助手など約 20 人の血液を互いに混ぜてみました。すると，組み合わせによって凝集する場合としない場合があることを発見し，血液に型があると考えました。これが今日の ABO 血液型の発見です。

　血液型は，赤血球膜の表面に出ているタンパク質にひげのようについている糖鎖の種類の違いによります (図)。タンパク質に結合している 5 個の糖はいずれも同じで，R で示した末端部のみが異なります。A 型糖鎖と B 型糖鎖の違いは，タンパク質を含む分子全体から見ればわずかです。AB 型の人は A 型糖鎖と B 型糖鎖の両方をもっています。

　一方，A 型の人の血液中には B 型糖鎖と結合するタンパク質 (抗体) が，B 型の人には A 型糖鎖，O 型の人には両方の糖鎖に結合するタンパク質が存在します。AB 型の人にはどちらのタンパク質も存在しません。血液型の異なる血液間で輸血すると，異なった血液型の血液中に存在する相手の糖鎖と反応するタンパク質が赤血球表面の糖鎖と結合し，赤血球を破壊して溶血させてしまいます。

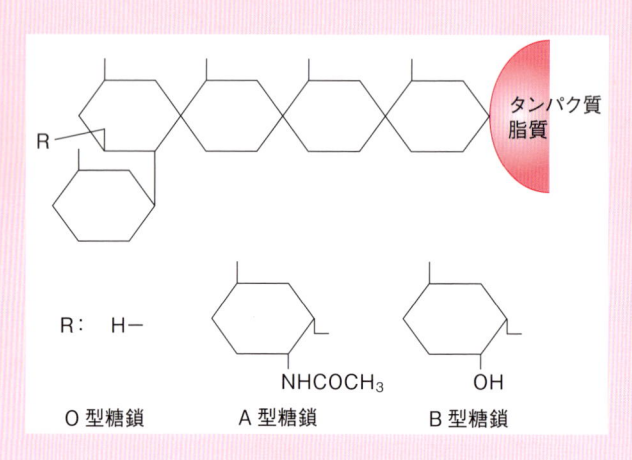

図　血液型を決める糖鎖
タンパク質や脂質から出ている糖鎖のうち，5 個の糖は各血液型で共通ですが，R で示した部分が異なります。図は，異なる部分のみを示しています。

第14章 栄養と代謝

　私たちは，三大栄養素と呼ばれるタンパク質，糖質，脂肪などを食物として取り入れ，それを材料にして自分の身体を構成する生体分子をつくったり，それらの合成や活動のためのエネルギーをつくったりしています。生体内に取り入れられた物質が，生体の中で行われる化学反応により次々と変化することを「代謝」といいます。私たちのからだの中で，どのような代謝が行われて「いのち」が維持されているのでしょう。

14.1　主な栄養素の役割

　代謝には，大きく分けて**異化**と**同化**の2種類があります。異化は，生体内に取り入れた物質を小さく分解し，そのとき放出されるエネルギーを取り出す過程で，同化は，そのエネルギーを使って，小さく分解した材料から自分のからだを構成する生体分子を合成する過程です（図14.1）。

　食物として取り入れたタンパク質，糖質，脂肪などの大部分は，細胞内で異化反応を受けます。しかし，そのままでは細胞の中に取り込むことはできないので，まず，それぞれの構成単位にまで分解される必要があります。この過程を**消化**といいます。

　消化は，口から始まって，食道，胃，小腸，大腸，肛門へとつながる，私たちのからだの中央にある長い管・消化器の中で行われます。この中で，タンパク質はアミノ酸に，糖質はグルコースなどの単糖類に，そして脂肪はグリセリンと脂肪酸にまで分解されます。それぞれの構成単位は，消化器官から血管やリンパ管に入り，これらによって体内のすべての細胞に送られ，そこでさまざまな代謝反応を受けます（図14.2）。

　これらの栄養素のうち，タンパク質はアミノ酸まで分解された後，多くは再びタンパク質として組み換えられます。一

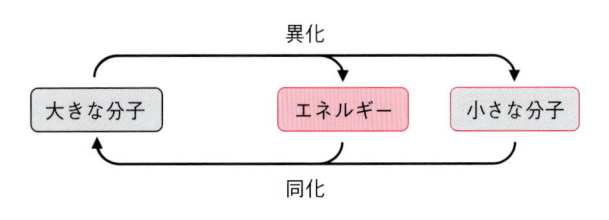

図14.1　異化と同化

第14章 栄養と代謝

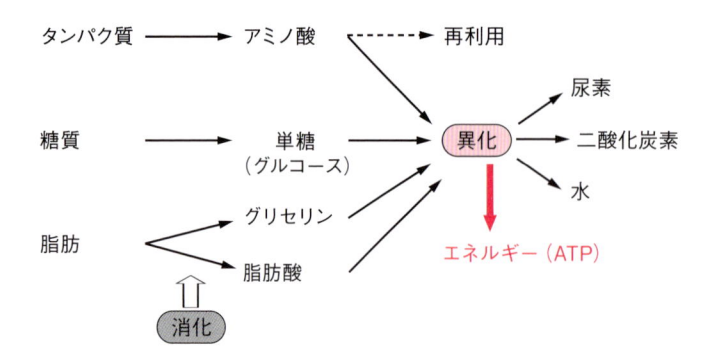

図14.2 三大栄養素の消化と異化

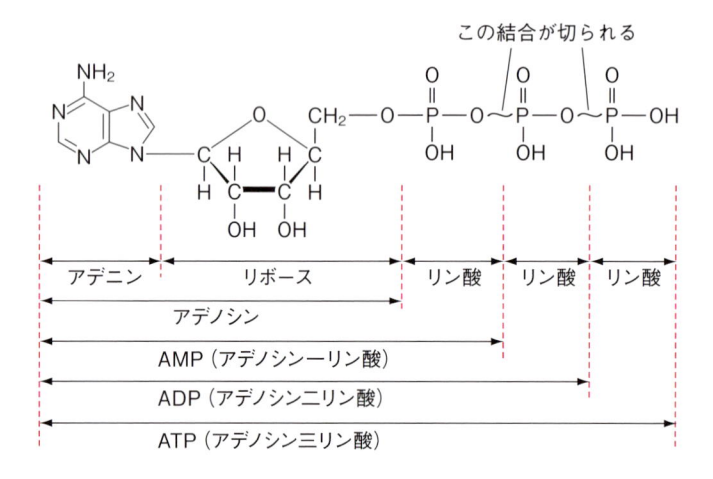

図14.3 ATP, ADP, AMP

方，糖質や脂肪の大部分は，細胞内でエネルギーを取り出すために，異化反応により二酸化炭素にまで分解されます。その過程で放出されたエネルギーは，ATPという化学物質の中に蓄えられます（図14.3）。

ATP*はアデノシン三リン酸 (adenosine triphosphate) という物質で，細胞などがエネルギーを必要とするとき，この物質を使う（分解する）ことにより必要なエネルギーを再び取り出すことができます。したがって，ATPは「エネルギーの通貨」といわれています。異化反応はこのATPを生産する反応です。

14.2 酵素の働き

私たちのからだの中で行われている代謝反応はすべて，ある物質が別の物質に変化するという化学反応です。同じような化学反応を実験室や化学工場で行うときは，強い酸やアルカリを加えたり，高温や高圧にしたり，また，化学触媒を加えて反応が特定の方向に速く進むように工夫

* **ATP, ADP, AMP**
ATP（アデノシン三リン酸）はアデノシンに3個のリン酸が結合していますが，ADP(adenosine diphosphate, アデノシン二リン酸)は2個，AMP(adenosine monophosphate, アデノシン一リン酸)は1個のリン酸が結合しています（図14.3）。ATPがADPと1分子のリン酸，あるいはAMPと2分子のリン酸に分解されると，蓄えられていたエネルギーが放出され，細胞が必要とするさまざまな反応に利用されます。ADPやAMPは，異化反応により得られたエネルギーによりATPとして再生されます。

しています。触媒というのは，自分自身は変化しないで化学反応を速める物質です。生体内でこの役割をしているのが**酵素**であり，酵素は**生体触媒**と呼ばれています。

酵素は，生体内の穏和な環境（ほぼ中性 pH，37 ℃，大気圧）の中で代謝反応を素早く進めています。一般の酵素は，それがないときに比べて反応を 100 万倍〜 100 兆倍の速さに加速することができます。たとえば 100 億倍の速さを単純に計算すると，酵素がないときに 300 年かかる反応を，酵素により 1 秒で行うことができることを意味しています。

1 個の細胞内には数千種類の代謝反応があり，それぞれに決まった酵素が働いています。特定の酵素は特定の物質だけに働いて特定の反応を行います。酵素が働く物質を**基質**と呼び，特定の基質のみに作用する性質を**基質特異性**といいます。

たとえば，マルターゼという酵素はマルトース（麦芽糖）に働いて 2 分子のグルコースに分解しますが，同じ二糖類であるラクトース（乳糖）には作用しません。同様に，ラクトースをグルコースとガラクトースに分解するラクターゼはマルトースを分解できません。これらの酵素は，マルトースとラクトースという非常に似ている化合物を見分けているのです（図 14.4）。

酵素が働くとき，まず，分子の中の特定の部分で基質を捕らえ，酵素と基質がぴったりと結合した酵素・基質複合体をつくります。その後，反応が起こり生成物がつくられます（図 14.5）。このとき，たとえばマルターゼはマルトースとぴったり合った複合体をつくることができますが，ラクトースでは分子の形が少し違うため，複合体がつくられず働くことができないのです。このように，酵素と基質はまるで鍵と鍵穴のような関係にあります。

酵素の本体はタンパク質です。しかし，酵素によってはタンパク質単独では働け

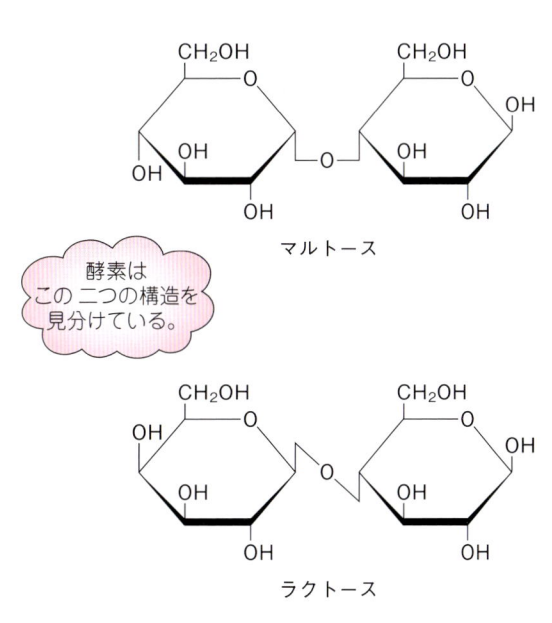

図 14.4　酵素の基質特異性の例

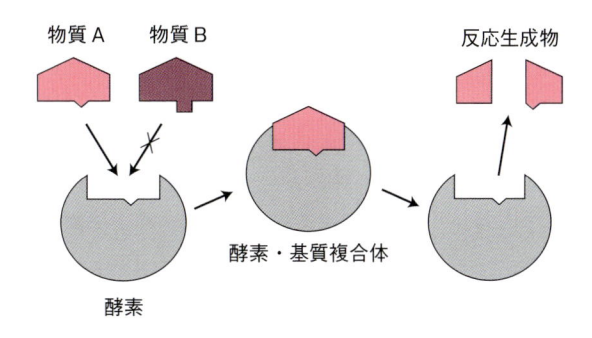

図 14.5　酵素・基質複合体

ず，タンパク質以外の物質の助けが必要なものがあります。このような物質を補因子といいます。生体内に微量にしか存在しない金属イオンやビタミンBの仲間は，補因子として酵素に結合し，酵素の働きを助けています。

　たとえば，アルコールを代謝するアルコール脱水素酵素には亜鉛が働いています。また，私たちの血液中で酸素を運んでいるヘモグロビンは，酵素ではありませんが，この分子において実際に酸素を結合しているのはヘムという補因子の中の鉄です (p.60, 107)。

　ビタミンBの仲間は，細胞に取り込まれてから，その中で少し変化を受けて補酵素（ビタミンを原料とする補因子）となり，それぞれ必要とされる酵素に結合し酵素が働けるようにしています。

14.3　グルコースからATPがつくられる代謝

　糖質や脂肪を二酸化炭素に分解してATPをつくる一連の異化反応をまとめると図14.6のようになります。糖質の最小単位であるグルコースは，解糖系とトリカルボン酸回路（クエン酸回路，TCA回路などとも呼ばれる）という代謝系により二酸化炭素に分解されます。このとき放出されるエネルギーは，電子伝達系（呼吸鎖）と酸化的リン酸化系という代謝系によりATPの形に変換され蓄えられます。

　この一連の過程には酸素が必要で，私たちが呼吸により取り入れた酸素はこの過程のために使われます。私たちは，食物として食べた糖質や脂質を，呼吸によって取り入れた酸素を使って二酸化炭素に分解してエネルギーをつくり，不要になった二酸化炭素を吐き出しているのです。

　グルコースはまず，細胞質ゾル*内で解糖系における10個の代謝反応によりピルビン酸になります。この過程で，6個の炭素をもつグルコースから3炭素化合物のピルビン酸が2分子つくられます。

　ピルビン酸はそのままミトコンドリア*に入り，そこでアセチルCoA（CoAは補酵素の一種で，コエンザイムAと呼ぶ）になり，トリカルボン酸回路の9個の反応によりさらに代謝されます。これらの反応により，ピルビン酸の3個の炭素が3分子の二酸化炭素に変換されます。二酸化炭素は，細胞外に出たのち最終的に呼気として体外に排出されます。

　一方，解糖系とトリカルボン酸回路において放出されたグルコース分子の中の水素は電子伝達系に渡され，最終的に酸素と結合して水となります。この過程で大量のネルギーが放出されますが，それらは酸化的リン酸化系によりATPとして蓄積されるのです。

　こうして，グルコースがもっていたエネルギーはATPの形で変換さ

* **細胞質ゾル**
　細胞内で細胞小器官などの構造体を除く液状の部分。

* **ミトコンドリア**
　細胞小器官の一つで，細胞が必要とするエネルギーの大部分をつくっています。

れ，細胞のさまざまな活動のためのエネルギー源としてミトコンドリアの外に運び出されます．一連の反応をまとめると，グルコース ($C_6H_{12}O_6$) ＋ 6 酸素 (O_2) → 6 二酸化炭素 (CO_2) ＋ 6 水 (H_2O) ＋ 38 ATP となります．

14.4 脂肪がエネルギーを生む代謝

脂肪は，消化によりグリセリンと脂肪酸に分解されます．グリセリンは解糖系の中間代謝物に似ているので，解糖系の途中の酵素により代謝されて，最終的にはグルコースと同じようにトリカルボン酸回路を経て二酸化炭素になります（**図 14.6**）．

一方，脂肪酸は β（ベータ）酸化系と呼ばれるグルコースの場合とは異なった代謝系により，炭素数 2 個の単位で切断され，それぞれがアセチル CoA になります．生じたアセチル CoA は，上で述べたトリカルボン酸回路により代謝されます．

グルコースと脂肪酸は化学構造が異なるので，最初は違う代謝を受けますが，いずれも同じ代謝産物になります．以降は，同じ代謝反応により酸素が使われて二酸化炭素と水が放出され，ATP がつくられます．たとえば，炭素数 16 個の脂肪酸であるパルミチン酸が代謝されたとき，パルミチン酸 ($C_{16}H_{32}O_2$) ＋ 23 酸素 (O_2) → 16 二酸化炭素 (CO_2) ＋ 16 水 (H_2O) ＋ 130 ATP となります．

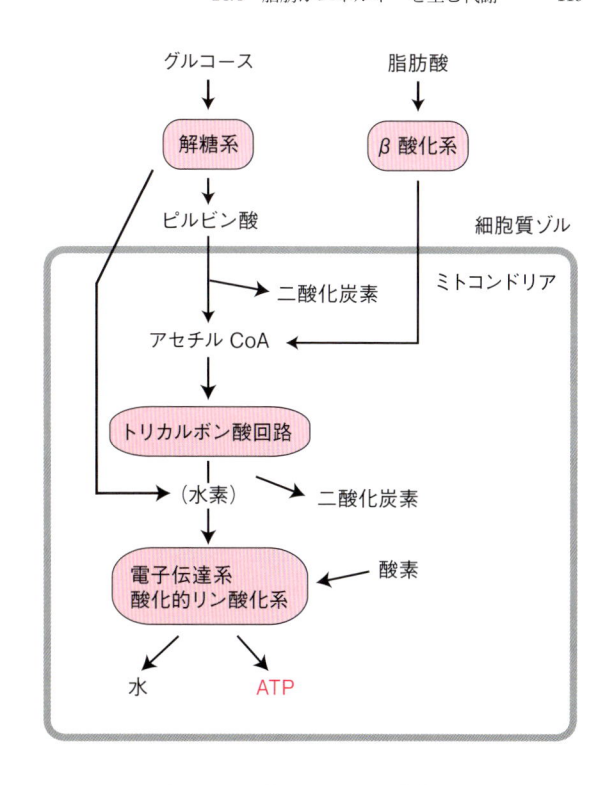

図 14.6 グルコースの異化代謝
グルコース中の炭素と酸素は解糖系とトリカルボン酸回路により二酸化炭素に代謝される．一方，解糖系とトリカルボン酸回路で出された水素は，電子伝達系により最終的に酸素に渡されて水を生成する．この間に放出されるエネルギーが ATP として蓄えられる．

グルコースも脂肪酸も主にエネルギーを得るために食べるのですが，どちらが効率がよいのでしょう．食物のカロリー計算においては，炭水化物より脂肪の方が得られるカロリーが高いことが知られています．そのことを，グルコースと脂肪酸の異化反応によりつくられる ATP の数により確かめてみましょう．上に述べた ATP 生成量は分子当たりの数ですので，重さ当たりに換算し直すと，グルコース (分子量 180) では 38/180 = 0.21，脂肪酸 (パルミチン酸の分子量 256) では 130/256 = 0.51 となります．つまり，同じグラム数を摂取したとき，脂肪酸の方がより多くのエネルギーが得られることがわかります．

column 分子のレベルでは生物はよく似ている

　19世紀末，ドイツのブフナー兄弟は，酵母の抽出液から医薬に役立ちそうなものを探そうとして，酵母の細胞をすりつぶしてろ過し透明なジュースをつくりました。しかし，すぐに細菌が汚染して腐敗してしまいました。そこで，ジャムの保存のために使うときと同じくらい大量の砂糖を加えてみました。すると，抽出液はまもなく発泡し始め，調べてみると二酸化炭素とアルコールができていることがわかりました。

　それまで，アルコール発酵(酒つくり)は酵母が生きていないとできないと信じられていました。細胞をつぶした抽出液でも発酵が行われるということは，細胞の中で起こっている複雑な生命現象を試験管の中で再現させ，その原理を調べることが可能であるということです。生命を分子のレベルで解明しようとする「生化学」という学問は，このとき(1897年)誕生しました。

　その後，多くの研究の結果，グルコースからピルビン酸までの代謝過程はほとんどすべての生物の細胞で共通の反応であって，ピルビン酸が次にどのように代謝されるかで最終産物が違ってくることがわかりました。

　私たちの細胞のように酸素を必要とする細胞(好気的細胞)では，本文で示したように代謝され，最終的には二酸化炭素がつくられますが，たとえば，酵母，乳酸菌，酢酸菌，赤血球，それに筋肉(酸素の供給が少ないとき)は，ピルビン酸以後の一，二の最終反応が異なるだけで違った産物をつくります(図)。分子のレベルで見ると，生き物の中ではみなほとんど同じ反応が行われており，ほんの少しの違いが，見かけ上大きな違いがあるように見えるのです。

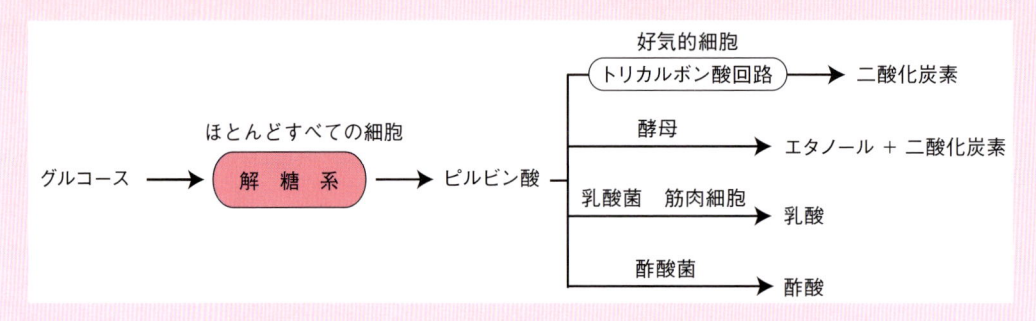

```
                    ほとんどすべての細胞              好気的細胞
                                                 トリカルボン酸回路 → 二酸化炭素
                                           酵母
    グルコース →    解 糖 系    → ピルビン酸        → エタノール ＋ 二酸化炭素
                                           乳酸菌　筋肉細胞
                                                           → 乳酸
                                           酢酸菌
                                                           → 酢酸
```

図　グルコースから多様な物質へ －生命の一様性－
酸素を必要とする細胞では，ピルビン酸からトリカルボン酸回路により二酸化炭素がつくられますが，酵母でのアルコール発酵では二段階でエタノールと二酸化炭素が，乳酸菌，赤血球，筋肉(酸素の供給が少ないとき)では一段階で乳酸，酢酸菌でも一段階で酢酸がつくられます。

14.5 アミノ酸の代謝と必須アミノ酸

タンパク質の分解によりつくられたアミノ酸の多くは，自分を構成するタンパク質をつくるための原料として再利用されます。一部は，アミノ酸の種類によりさまざまな経路を経て解糖系かトリカルボン酸回路の中間代謝物になり，これらの代謝系に入ります。それ以後は，グルコースや脂肪酸の場合と同じ反応を受け，ATPをつくります。

アミノ酸は糖や脂肪酸と異なり，必ず窒素原子を含んでいます。窒素はアミノ酸の分解の途中で，炭素や酸素とは別の代謝系（尿素回路）により尿素となって，尿の主成分として排泄されます。

グルコースや脂肪酸は私たちのからだの中で新たにつくることができますが，20種類のアミノ酸のうちの9種類は，私たちヒトはつくることができず，必ず食物の中から摂取しなければなりません*。このようなアミノ酸を「必須アミノ酸」といいます。必須アミノ酸は，バリン，ロイシン，イソロイシン，リシン，トレオニン，メチオニン，ヒスチジン，フェニルアラニン，トリプトファンです。

そのほかの11種類のアミノ酸は，私たちのからだの中で，グルコースや脂肪酸，あるいは必須アミノ酸を材料にして合成することができます。これらを非必須アミノ酸といいます。

14.6 代謝反応の調節

私たちの細胞内では3000〜5000の代謝反応が行われているといわれていますが，これらの反応は独立して行われているのではありません。上で説明したグルコースの異化代謝のように，ある反応系の生成物は次の段階の出発物質であり，次々と反応が行われ物質が変化していきます。すべての反応系は全体として調和の取れたチームワークをとっています。

一つの代謝系の中の反応はすべて同じ能力をもっているのではなく，異なった能力をもつ反応がつながっています。しかし，系全体としての代謝速度は，つながったいくつかの反応の中で一番能力の小さな段階の代謝速度に規制されており，大きな代謝能力をもつ段階でもその速度に抑えられています。このように，ある代謝系の反応速度を決めている段階をその系の**律速段階**といいます。

ある代謝系によりつくられる最終産物の生産量を調節したいときには，律速段階の反応速度を変えればいいのです。それにより代謝系全体の速さが変えられ，最終産物の生成量を変えることができます。細胞の

---

* **アミノ酸バランス**

私たちがアミノ酸をバランスよく摂取しなければならないことは，しばしば「アミノ酸の桶」のたとえによって説明されています（図）。図において，必須アミノ酸の一つひとつが桶の板です。板の高さはそれぞれのアミノ酸の必要量に対して摂取した量の相対値です。上の桶のようにすべてのアミノ酸がバランスよく摂取されていると，桶にはいっぱいに水（タンパク質）を入れる（合成する）ことができます。しかし，下の桶のように，1種類でもアミノ酸が不足すると，水はその高さまでしか入りません。ほかのアミノ酸が十分摂取されていても，つくられるタンパク質の量は一番少ないアミノ酸（この例ではロイシン）の量によって制限されます。不足しているアミノ酸が非必須アミノ酸の場合は，必要量を自分のからだの中でつくることができます。

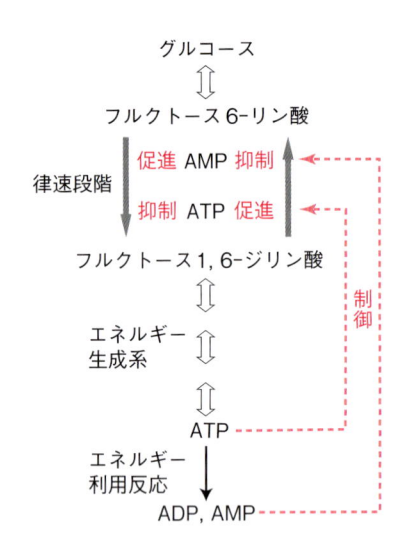

図14.7 グルコース代謝の調節
解糖系におけるグルコースから3番目の反応（フルクトース6-リン酸とフルクトース1,6-ジリン酸の間）では2つの酵素が存在し，それぞれ正逆の反応を行っている。ATPはグルコース分解方向の酵素を抑制し，逆方向の酵素を促進し，ATP生成を抑える。AMPは反対に，グルコース分解方向の酵素を促進し，逆方向の酵素を抑制し，ATP生成を促進する。

　ニーズに応じて，ある代謝系の反応速度を変化させることを**代謝調節**といいます。

　代謝調節が実際にどのように行われているか，グルコースの異化代謝を例に見てみましょう（**図14.7**）。この異化代謝の目的は，細胞が必要とするエネルギー(ATP)を生産することです。この代謝によってつくられたATPが，エネルギーを必要とするさまざまな細胞の活動に使われると，ADPやAMPに変えられます（図14.3）。つまり，ADPやAMPの量が増えたということはエネルギーが減少したことになります。

　ATPが使われAMPが増加すると，AMPはグルコース異化代謝の最初の代謝系（解糖系）の中の律速段階である反応（グルコースから3番目の段階）を行っている酵素に働きかけてその活性を高めます。同時に，AMPはこの反応の逆方向の反応に関与する酵素の活性を抑えます。その結果，グルコースを分解する速度が速まり，ATPの生成量が増し，ATP濃度が上昇します。

　反対に，細胞のエネルギー事情が好転しATPが十分に貯まってくると，今度はATPが先ほどの酵素の働きを抑えます。同時に，その逆反応を行う酵素の活性を高め，全体としてグルコースの異化速度を抑え，ATPの生産量を抑えるのです。このようにして，代謝系は細胞のニーズに応じてその働きが調節されています。

column 新陳代謝 —タンパク質の寿命—

　代謝と聞くと，新陳代謝という言葉を思い浮かべる人がいるでしょう。私たちのからだは，常に新陳代謝しています。たとえば，今の自分は3ヶ月前の自分と見かけはほとんど変わっていませんが，3ヶ月前に自分をつくっていた物質のほとんどは新しいものと入れ替わっています。

　ある時点で合成されたタンパク質分子が，分解されることで半分の量にまで減少する時間をタンパク質の半減期，あるいは寿命といいます。たとえば，肝臓のタンパク質の寿命は約1日，心臓では約4日，筋肉では約11日などと報告されています。私たちをつくっているタンパク質はかなりの速さで分解され，それと同じものが素早くつくられています。合成と分解とが完全にバランスがとれているので，変化がないように見えているのです。

　これらの寿命の値は，それぞれの臓器に含まれる全タンパク質の平均の値です。実は，個々のタンパク質はそれぞれに決まった寿命をもっています。寿命が数分しかない短命のものから，筋肉タンパク質ミオシンや赤血球中のヘモグロビンのように10数日から数十日のもの，さらに，眼のレンズタンパク質のように私たちの生涯を通して使用されているものなど，タンパク質によって大きな違いがあります。

第15章 体内の化学情報伝達
―ホルモンと神経―

　私たちのからだの各臓器や細胞が統一性をもって働くためには，それらが互いに連絡し合い，情報を交換し合う必要があります。特定の細胞から特定の細胞への情報や命令を伝達する方法として，ホルモンと神経という二つの異なった方法がとられています。いずれにおいても，化学物質が情報伝達に重要な働きをしています。

15.1　細胞間の情報伝達法

　ホルモン（内分泌）系による情報伝達は，ある細胞が情報物質（化学物質）を細胞外に分泌することにより情報を発信し，血流によって全身に情報を流します。全身の細胞の中で，特定の細胞のみがその情報物質を認識できる受容体をもっていて情報を受け取ることができます。こうして，特定の細胞から正確に特定の細胞へ情報が伝達されます。
　一方，**神経系**を介した情報伝達は，離れている細胞にケーブルを介して直接伝達する方法です。神経系では，特定の細胞が相手の細胞に向けて手を伸ばし直接接することにより情報を伝達しています。この方法では，はじめから相手が特定されており，直結したケーブルにより極めて迅速かつ正確に情報を伝えることができます。ところが，神経系においても，ケーブルとケーブルのつなぎ目で情報を伝達しているのは数種類の化学物質であり，これらは神経伝達物質と呼ばれています。

15.2　ホルモンのいろいろ

　ヒトや哺乳類のホルモンは多数知られていますが，これらは，ホルモンのつくられる器官（内分泌腺），化学的性質，働き方などの基準に基づいて分類されています。
　ヒトの内分泌腺には，脳下垂体，視床下部，甲状腺，副甲状腺，副腎（皮質，髄質），膵臓（ランゲルハンス島），消化管（胃，腸管），生殖腺（精巣，卵巣）などがあり，それぞれ1種ないし数種のホルモンを分泌して

います(図15.1)。

　ホルモンは，化学的性質によりタンパク質(ペプチド)ホルモン，ステロイドホルモン，アミノ酸誘導体ホルモンの大きく3つに分類されます(図15.2)。

　タンパク質ホルモンの代表は，血糖値を調節しているインスリンやグルカゴンです。これらのタンパク質ホルモンは，それぞれの遺伝子に従ってつくられます。脳下垂体から分泌される数種のホルモンは10数個のアミノ酸からなり，ペプチドホルモンと呼ばれていますが，これらもいったん大きなタンパク質として合成され，その一部が切り取られてホルモンとして細胞外に分泌されます。

　ステロイドホルモンは性ホルモンや副腎皮質ホルモンですが，コレステロール(13.3節参照)を原料とし，その側鎖や環が変化されることによりつくられます。

　アミノ酸誘導体ホルモンは，アミンという化学基をもった小さな簡単な構造のホルモンで，副腎髄質ホルモンのアドレナリン(エピネフリン)や甲状腺ホルモンのチロキシンなどがこれに当たります。

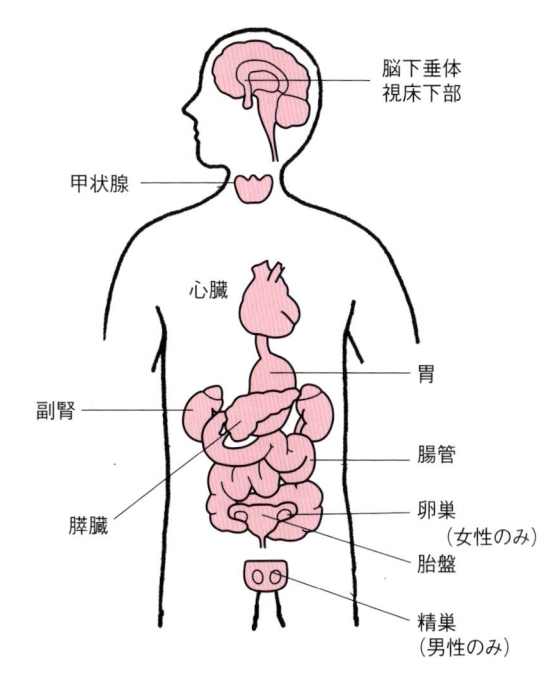

図15.1　内分泌器官
(伊藤明夫:『自分を知る　いのちの科学』(培風館, 2005)を改変)

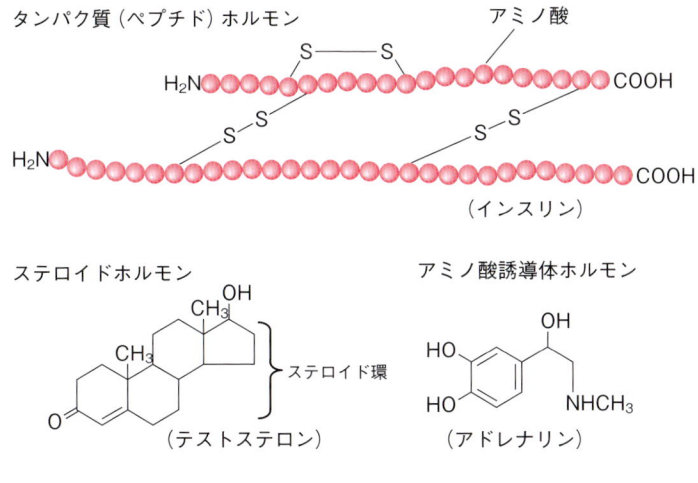

図15.2　ホルモンの種類

15.3 ホルモンの働き方

ホルモンは，非常にわずかな量 (1000 分の 1 〜 100 万分の 1g くらい) で効果を示します。ビタミンと同様に，欠乏症や過剰症が知られていますが，ビタミンが酵素に直接作用し，代謝反応に必須の成分として働くのに対して，ホルモンは反応を進める命令を伝えるだけで，代謝反応には直接関与しません。

ホルモンの作用の仕方は，そのホルモンが細胞の膜を通過できるかどうか，および，ホルモン受容体が細胞のどこに存在するかにより，大きく二通りに分けられます (図 15.3)。

一つは，タンパク質 (ペプチド) ホルモンの作用の仕方です。これらのホルモンは，分子が大きく水溶性なので疎水性部分をもつ細胞膜 (図 13.6 参照) を通過できません。これらは血流中を流れていて，ホルモンを特異的に認識し結合することのできる受容体を細胞膜表面にもっている細胞にやってくると，その受容体に結合し，ホルモンがその細胞にきたことを伝えます。すると，細胞表面の受容体が，特定のホルモンがきたという情報を細胞の中に伝え，細胞は複雑な過程を経てホルモンに応じた細胞応答を行います。

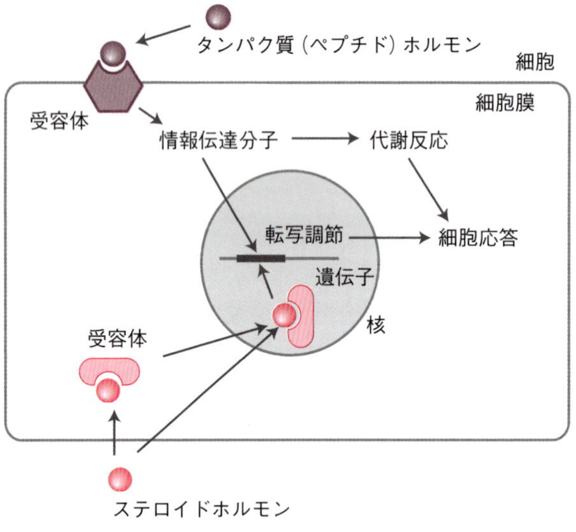

もう一つの作用の仕方は，ステロイドホルモンのように，分子が比較的小さく，油に溶ける性質をもっていて，細胞膜を透過することができる場合です。細胞膜を通過して細胞内に入ったこれらのホルモンは，細胞内の細胞質ゾル，あるいは核の中に存在する特異的な受容体と結合し，自分がやってきたことを伝えます。それらの受容体の多くは，ホルモンが結合すると特定のタンパク質の遺伝子に働きかけて，そのタンパク質をつくるかどうかの調節 (転写調節) をして，ホルモンに応じた応答を起こさせます。

図 15.3 ホルモンの作用の仕方
(伊藤明夫：『自分を知る いのちの科学』(培風館, 2005) を改変)

15.4 糖尿病とホルモン

糖尿病は，血液の中に含まれる糖 (グルコース) の濃度 (血糖値) が

```
膵臓(ランゲル                肝細胞              膵臓(ランゲル
ハンス島α細胞)                                   ハンス島β細胞)
    ⇩          ┌──────────────────┐                ⇩
 グルカゴン      │   グリコーゲン      │            インスリン
 アドレナリン ──→│      ↕↘           │←──
              │   グルコース ──→ 二酸化炭素 │
    ⇧          │      ↕           │
  副腎髄質      └──────↓───────────┘
    ↑                 血糖
  脳(視床下部)
```

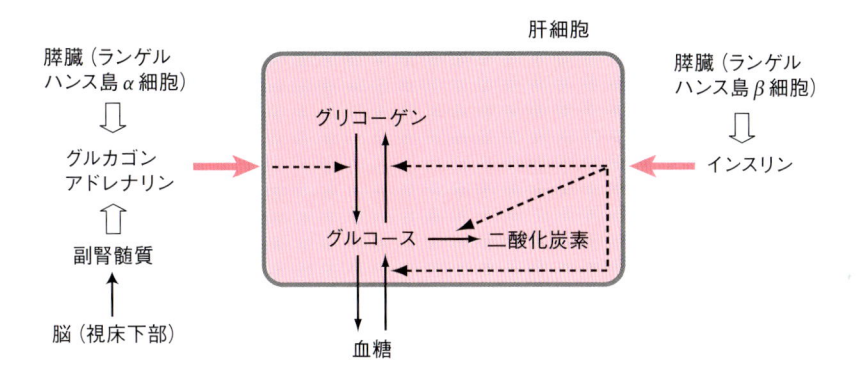

図 15.4　血糖値の調節に働くホルモン

高い状態が長く続く病気です。糖尿病はどこかが痛くなるということはなく「沈黙の病」といわれており，気がつかないことが多いのですが，放っておくと手足のしびれ，筋力の低下，けがややけどの痛みに気づかないなどの神経症，視力が衰える網膜症，腎臓の働きが悪くなる腎臓障害をはじめ，脳梗塞や心筋梗塞などの合併症を引き起こすことが知られています。

　健康な人の血糖量は，60〜100 mg/dL に保たれています。食事直後には一時的に 30〜40 mg/dL ほど値が増加しますが，食後 3 時間もすると通常の値に戻ります。血糖値が 30 以下になると，脳に必要なグルコースが十分に供給されないため昏睡状態になります。また，血糖値が 160 以上になると，腎臓でのグルコースの再吸収量 (16.5 節参照) が限界を超えてしまうため，尿中にグルコースが漏れ出ることになります。こうして漏れ出たグルコースを含む尿を**糖尿**といいます。

　血糖量は複数のホルモンによりほぼ一定に保たれています。血糖量が低くなると，主に二つの経路により対処します (**図 15.4**)。一つは，血糖量の低下を脳の視床下部が感知し，副腎髄質に命令してアドレナリンを分泌させます。さらに，膵臓のランゲルハンス島α(アルファ)細胞も，低血糖を感知してグルカゴンの分泌を高めます。

　アドレナリンもグルカゴンも，肝臓などに蓄えられているグリコーゲンの分解を促進させ，グルコースの生成を増加させます。これが血糖として血液中に放出されるのです。

　一方，血糖値が高い場合には，膵臓ランゲルハンス島β(ベータ)細胞からインスリンが分泌されます。インスリンは，肝臓，筋肉，そのほかの細胞に作用して，血液中のグルコースの細胞への取り込み，細胞内でのグルコースの分解 (異化反応)，グルコースをグリコーゲンとして貯蔵する反応などを高めます。

＊生活習慣病
　食生活や喫煙，飲酒，運動不足など生活習慣との関係が大きい病気のことで，日本人の三大死因であるがん(悪性新生物)，心臓病，脳血管疾患(脳卒中)をはじめ，糖尿病，高血圧，アルコール性肝炎，骨粗しょう症，歯周病，虫歯，肥満症などが含まれます。これらの病気は，かつては年齢とともに発症すると考えられていたので，成人病と呼ばれていました。しかし，子どもの頃からの生活習慣の蓄積により若い人でも発症することがわかってきましたので，病気の呼び名が変わったのです。

　糖尿病は二つのタイプに分類されます。一つは，膵臓からのインスリンの分泌量が少ないことによるインスリン依存性糖尿病で，常時インスリンの投与を必要とします。もう一つは，インスリンは分泌されているのですが，インスリン受容体の異常や過食，運動不足，ストレスなどの生活習慣が原因のインスリン非依存性の糖尿病です。後者は，糖尿病患者の95％を占めています。糖尿病が生活習慣病＊の一つといわれているのはこのためです。

15.5　神経系による情報ネットワーク

　私たちが，見たり，聞いたり，味わったりする感覚も，からだを動かしたり，話したりする運動も，考えたり，計算したり，記憶したり，判断したりするより高度な知的活動もみな，神経系による情報伝達と情報処理によるものです。

　神経系は大きく二つに分けられます。目や耳などの感覚器で得た感覚情報を中枢神経系に送ったり，中枢神経系からの指令を筋肉などに伝える**末梢神経系**と，送られてきた感覚情報を蓄えたり，これを運動指令に変えたりするコンピュータのような情報処理の役割をする**中枢神経系**です。中枢神経系は脳と脊髄からなります。

　ヒトの脳には**神経細胞(ニューロン)**が1000億個以上あるといわれます。また，1個の神経細胞は，数千から1万個の神経細胞から情報を受け，また，数千から1万個の神経細胞に情報を伝えています。想像を絶するほど複雑なネットワークがつくられているのです。しかし，それぞれの相手の細胞はでたらめではなく，決まった細胞を正確に選んで結合しあっています。視覚，聴覚，味覚，嗅覚，触覚など，それぞれの感覚器から受けた情報はそれぞれ固有の情報ネットワークにより伝達され，脳において処理・統合されて，私たちは外界全体のイメージを一つのものとして感じているのです。

　神経細胞では，多数の枝分かれをもった**樹状突起**と，1本の**軸索**(神経繊維とも呼ばれる)が細胞体から突き出ています(図15.5)。細胞体表面と樹状突起は信号を受け取る役割を，軸索は信号を送る役割をしています。

　細胞体は直径10μm程度ですが，そこから出ている軸索は長く，最も長いものは約1mにも達します。神経細胞は極めて遠くの細胞とも直接連絡しているのです。

　軸索は先端近くになると何本もの細い枝に分かれ(神経終末)，その枝の先端はややふくらんでいます。このふくらんだ部分が，次の神経細

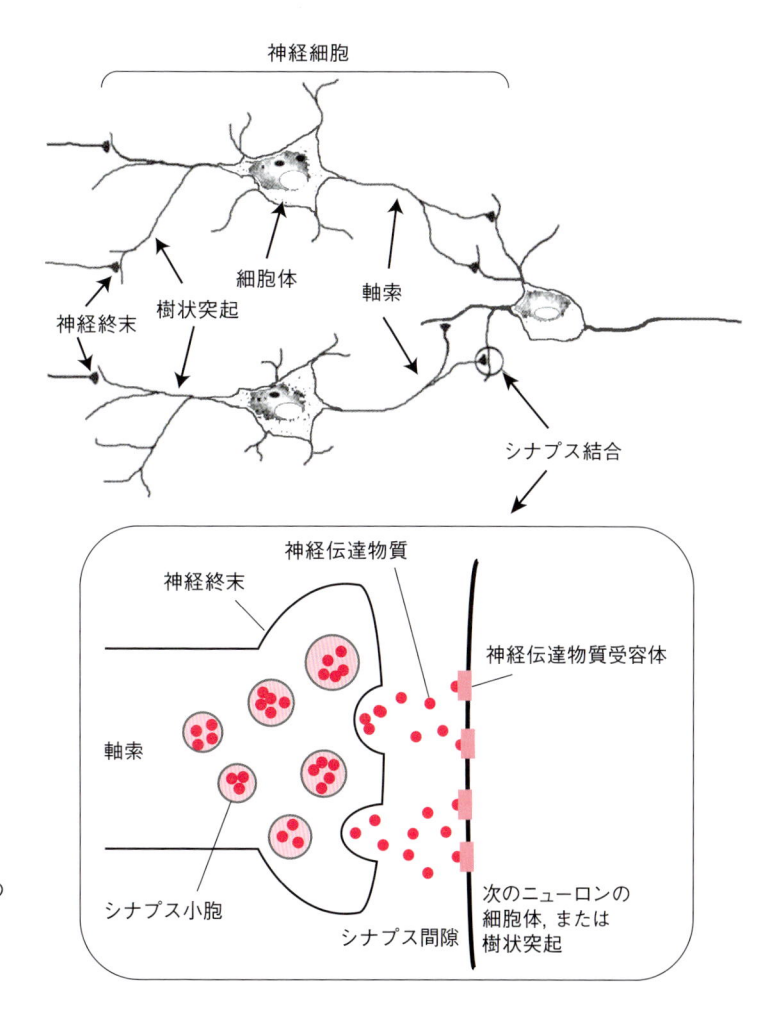

図 15.5　神経細胞のネットワークと神経伝達物質
（伊藤明夫：『自分を知る いのちの科学』（培風館, 2005）を改変）

胞の細胞体または樹状突起の表面膜に接しています。両者の細胞表面（細胞膜）は直接密着しているのではなく，20 nm 程度の隙間があいています。この部分を**シナプス**（つぎめ）といいます。この部分で細胞から細胞への信号の伝達が行われます。

15.6　神経伝達と伝達物質

　神経細胞が細胞体または樹状突起で信号を受け取ると，その情報は神経細胞の電気的変化という形で現れます。細胞の電気的変化は，カリウムが主体の細胞内にナトリウムが外から流入することにより電位差ができることによります。この電気的変化を興奮といいます。
　細胞体での電気的変化・興奮は，電気信号として軸索を伝わってその末端にまで達します。すると，先端のふくらんだ部分に存在するシ

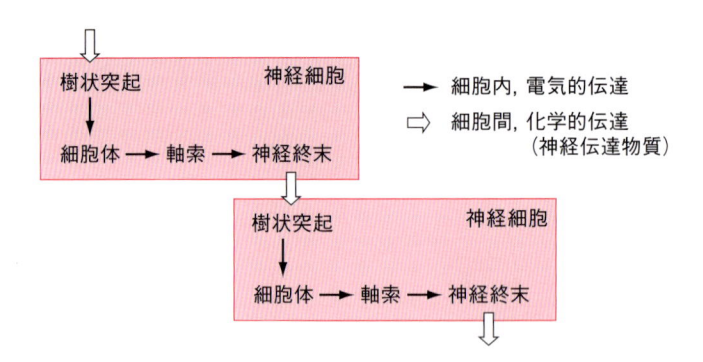

```
┌─────────────────────────┐
│ ⬇                       │
│ 樹状突起      神経細胞   │        → 細胞内, 電気的伝達
│  ↓                      │        ⇨ 細胞間, 化学的伝達
│ 細胞体→軸索→神経終末    │          （神経伝達物質）
└─────────────────────────┘
              ┌─────────────────────────┐
              │ ⬇                       │
              │ 樹状突起      神経細胞   │
              │  ↓                      │
              │ 細胞体→軸索→神経終末    │
              └─────────────────────────┘
                                   ⬇
```

図 15.6　神経伝達 －化学信号と電気信号－

ナプス小胞と呼ばれる小さな袋を刺激して，その中に詰め込まれている**神経伝達物質**と呼ばれる化学物質を次の細胞との隙間に放出します（**図 15.5**）。それまで伝えられてきた電気信号は，シナプス小胞に刺激を与えると消えてしまい，神経伝達物質に信号の伝達を託します。

神経伝達物質は，次の神経細胞の表面にある受容体に結合し，信号がきたことを伝えます。受容体に結合しなかった余分な神経伝達物質は迅速に分解され，消失します。信号を伝えられた神経細胞は新たに興奮します。こうして，電気的伝達と化学的伝達が交互に起こることにより，信号が一方向に次々と伝えられていくのです（**図 15.6**）。その伝達速度は，毎秒約 100 m にも達します。

神経伝達物質は約 40 種類知られています。代表はセロトニン，ドーパミン，ノルアドレナリン，アセチルコリン，グルタミン酸，γ（ガンマ）アミノ酪酸などです。神経伝達物質はシナプス部だけで分泌され，受け渡されていますが，それぞれの伝達物質に特異的な受容体を通じて情報が伝わります。

神経伝達物質の放出量が多すぎたり不足したりすると，神経や脳の働きがうまくいかなくなります。たとえば，難病の一つであるパーキンソン病は，脳が出す運動の指令がうまく伝わらずスムーズに動けなくなる病気ですが，この病気では脳のドーパミンが少ないことが問題で，対処療法としてドーパミンを投与することにより病状を軽減させています。

鎮痛剤のモルヒネ，幻覚剤の LSD，筋肉弛緩剤のクラーレなどは，神経伝達物質と似た化学構造をしているので，伝達物質受容体に結合して信号の伝達を撹乱することによりそれぞれの作用を現しています。

サリンは神経毒

　1994年と翌1995年に，サリン事件があり，多くの犠牲者が出ました。サリンは，第二次世界大戦時に化学兵器としてドイツで開発された猛毒の神経ガスです。サリンという名前は，開発に携わった4人の研究者の名前の一部をとってつけられたとのことです。

　サリンは呼吸器や皮膚から体内に侵入します。サリンが体内に入ると，神経伝達物質のアセチルコリンを分解する酵素 (アセチルコリンエステラーゼ) に結合し，この酵素の働きをなくしてしまいます。アセチルコリンはシナプスにおいて神経伝達が終わるとこの酵素によりすぐに分解されますが，サリンがあると分解されないため，神経は興奮し続けてしまいます。これが中毒の原因であり，瞳孔収縮，筋肉収縮，呼吸障害が起こって死に至るのです。皮膚に一滴垂らすだけで死に至るとの報告もあります。

第 16 章
からだを守るシステム

　私たちのからだは，外界からのさまざまな攻撃に対処するシステムをもっています。その代表は免疫系で，空気中や食物中に大量に存在している細菌やウイルスなどの微生物の侵入からからだを守っています。それでも追いつかないときはさまざまな薬品を使って治療します。

　一方，私たちは健康診断によりからだの状態を知り，疾病の予防や早期発見を行ってからだを守る努力をしています。からだを守るために，私たち自身がもっているシステムと私たちがつくり出したシステムとは？

16.1　二度なし現象 －免疫－

*リンパ球
　リンパ液，リンパ節，血液などに存在し，多核白血球，マクロファージとともに白血球の仲間です。T細胞とB細胞に分けられますが，いずれも免疫作用に関与しています。

　私たちのからだの中に細菌やウイルスなどが侵入すると，血液中の白血球の一種であるマクロファージがこれを取り込んで分解するとともに，その構造の特徴をリンパ球*であるT細胞に伝えます（図16.1）。T細胞は，同じリンパ球の仲間のB細胞の中で，抗原の特徴に合った抗体をつくることができるB細胞を刺激します。刺激を受けたB細胞は分裂，増殖し（4～5日で約5000倍），抗体産生細胞に変化して抗体タンパク質を合成します。この抗体タンパク質が血液中に放出され，細菌やウイルスに結合してその活動を封じ込めます。

　治った後では，同じ外敵がやってきても病気にかからないか，たとえかかっても症状は軽くて済みます。これが**二度なし現象**であり，**免疫**と呼ばれているものです。活性化されたB細胞の一部が，特定の抗体をつくることを命令された記憶をもったままじっと生き延びており（記憶B細胞），同じ外敵が再び侵入してくると，この記憶B細胞がいち早く反応して抗体を大量に生産します。2回目以降はマクロファージやT細胞が関与する過程を通らず，外敵が大量に増殖する前に封鎖するので，大事に至らないうちに治すことができるのです。

　インフルエンザなどの予防注射は，感染力をなくしたウイルスなど（ワクチン）を私たちのからだに入れ，人工的に軽度な感染と免疫の過

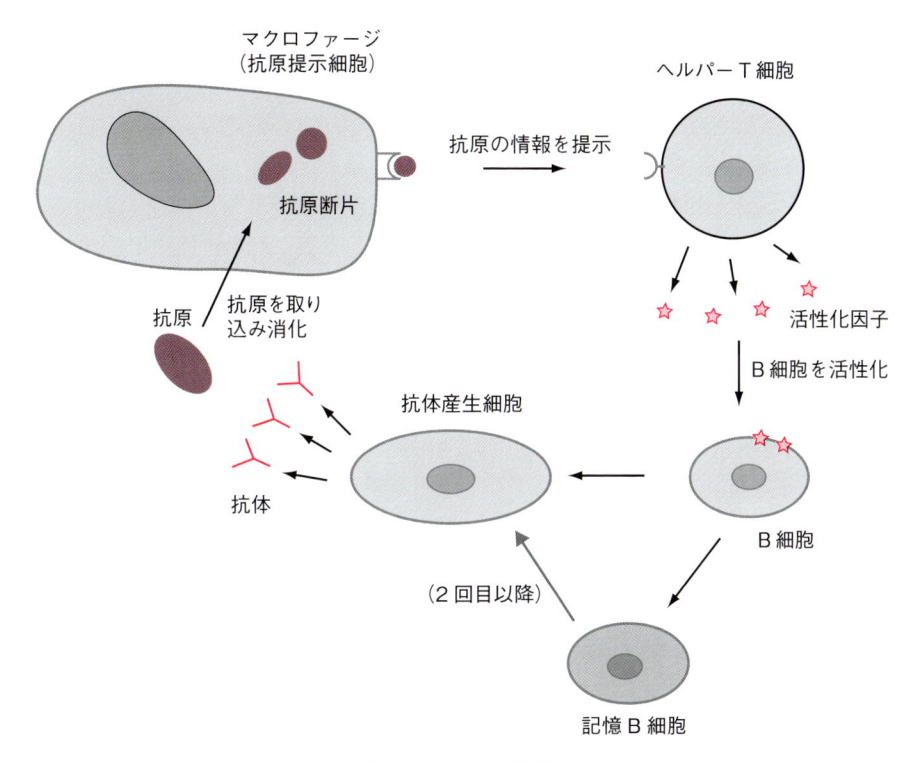

図 16.1　免疫の過程

程を起こさせ，B 細胞に記憶させるものです。

16.2　抗原と抗体

　免疫において，外敵と結合しその活動を封鎖しているのは**抗体**と呼ばれる一群のタンパク質です。このとき，外敵に相当する体内に侵入してきた異物を**抗原**といいます。細菌やウイルスだけでなく，毒物などの化学物質，他人の組織や細胞，自分の細胞から変化したがん細胞などの変異細胞や老廃細胞など，自分の正常な組織や細胞以外のもの (非自己な物質) すべてが抗原となります。

　抗体は，Y の字の形をしており，その先端部 2 カ所で 2 つの同じ抗原と結合できます (**図 16.2**)。先端部は可変部と呼ばれ，抗体の種類により構成しているアミノ酸の種類や配列の仕方が異なり，異なった立体構造をつくります。つまり，いろいろな形をした抗原に対し，それぞれに対応した形をした抗体をつくることができるようになっています。A という抗原に対しては，これとうまく結合できる形をし

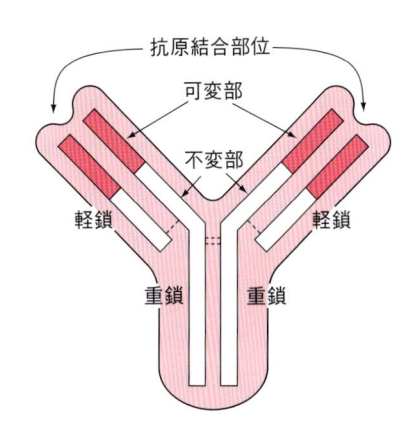

図 16.2　抗体の構造
(伊藤明夫：『自分を知る いのちの科学』(培風館, 2005) を改変)

た抗体の抗A抗体，Bに対しては抗B抗体というように，決まった相手とのみ反応します。この特異性の高さが抗体の最も重要な特徴です。

　私たちのからだが対処できる抗原の種類は，1億種以上であるといわれています。つまり，私たちは1億種類の抗原に対し，それぞれに特異的に対応できる抗体タンパク質をつくることができます。私たちのDNAには，約2万種類のタンパク質に対する遺伝子しかありませんが，抗体だけで1億種類のタンパク質をつくることができるのです。この一見矛盾した現象のからくりについては複雑ですので省略しますが，このことを解明したのは，日本の利根川 進です。彼はこの功績により1987年にノーベル生理学・医学賞を受賞しました。このように，抗体の特徴は特異性と多様性です。

16.3　免疫とは自己と非自己の識別

　このように，私たちは1億種類以上の抗体をつくることができるのに，自分の体の正常な成分は抗原になることはなく，抗体もつくれません。

---

column

免疫は「神のご加護」？

　ペストは黒死病ともいわれ，中世ヨーロッパで猛威をふるいヨーロッパの全人口の3分の1から2分の1の命を奪った死の病として知られています。当時の教会には医療に従事し，慈善活動を行うキリスト教騎士団がいて，病人の介護に活躍していました。これらの多くは自分もペストにかかり犠牲になりましたが，奇跡的に助かった騎士もいました。その騎士たちはその後，患者と接しても二度とペストにかかることはありませんでした。このことは，まさに神のご加護であると考えられました。

　このように，「免疫」という現象は，奇跡か，神の力によると考えられていました。この「神のご加護」を得た者に対してローマ法王が課役や課税を免除したことから，im-munitas (免除：法王の課税 (munitas) を免れる (im-)) という単語が用いられ，それが現在の immunity (免疫) という言葉の語源です。

　18世紀の末，ジェンナーは，ウシの天然痘にかかり顔にあばたができた乳搾りの娘たちがヒトの天然痘にかかりにくいことを見て，免疫のしくみを見抜きました。彼は少年にヒトの天然痘より少し毒性の弱いウシの天然痘 (牛痘) を接種することにより，天然痘にかからなくなることを示したのです。これが予防接種の始まりです。

　ワクチン (vaccine) という言葉は，ラテン語の雌牛 (vacca) に由来しています。その原理がジェンナーの種痘に端を発していることによります。

つまり，自分の正常な成分(自己)と，外部から入ってきたものや自分の正常な成分ではないもの(非自己)とを見分けることができるのです。

1種類のB細胞がつくることのできる抗体は1種類だけです。ヒトでは胎児の時期に，さまざまな抗体をつくるたくさんの種類のB細胞がからだの中につくられます。これらのB細胞のうち，自分のからだの成分と結合できる抗体をつくるB細胞は，胎児のときに自分の成分と反応して自動的に死んでしまい，誕生後は自分の成分に対する抗体をつくるB細胞は存在せず，非自己の成分に対する抗体をつくるB細胞だけが存在します。

これが，自分の成分に対する抗体ができない理由です。このことは同時に，免疫という現象が自己と非自己を見分けていることを示しています。

しかし，免疫系が自分の成分を非自己と誤って認識し，自分の成分を攻撃してしまうことがあります。関節リュウマチ，若年性糖尿病，重症筋無力症など難病といわれている疾患の多くが，病因の解明とともに，自己と非自己の識別に問題を生じた自己免疫疾患であることがわかってきました。

16.4 微妙に調節されている血液凝固

血管中を流れている血液が固まったら困りますが，血管が壊れ流れ出したときには，出口で凝固してくれないと大変なことになります。一方，血液が異常に固まりやすいと，脳の血管が詰まって脳卒中が起こったり，心臓につながる血管が詰まって心臓発作が起こります。血液凝固も私たちのからだを守ってくれているシステムの一つで，微妙なコントロールが働いています。

血管壁に傷がつくと，すぐに血液中の血小板＊を活性化させる一連の反応が起こり，傷ついた部分に血小板が付着します。集まった血小板は丸い形からとがった突起の多い形に変わり，網状の構造をつくり傷をふさぎます。さらに，血小板はタンパク質や化学物質を放出して仲間の血小板や凝固に関与するタンパク質を集め凝固反応がスタートします。

血液を固める反応(凝固反応)には，10数種類の酵素タンパク質が関わっており，ある酵素Aが，酵素前駆体(酵素になる前の働きのないタンパク質)Bを活性型酵素(働きをもったタンパク質)に変え，この活性型酵素Bが，次の酵素前駆体Cを活性型に変える… というように，次々と下流にあたる酵素前駆体を活性型酵素に変えて反応が進みます(図16.3)。

その中で，プロトロンビンがトロンビンに変えられ，これが，最後

＊ 血小板

血液は，赤血球などの細胞成分と，水，タンパク質，糖などの溶液成分(血漿)からなります。細胞成分には，赤血球，白血球，血小板の3種の細胞が存在し，1 mm³の血液中に，それぞれ450〜500万個，5000〜8000個，20〜50万個含まれています。血小板は，核をもたない直径2〜3 μmの碁石状の小さい細胞で，止血や血液凝固に関与しています。

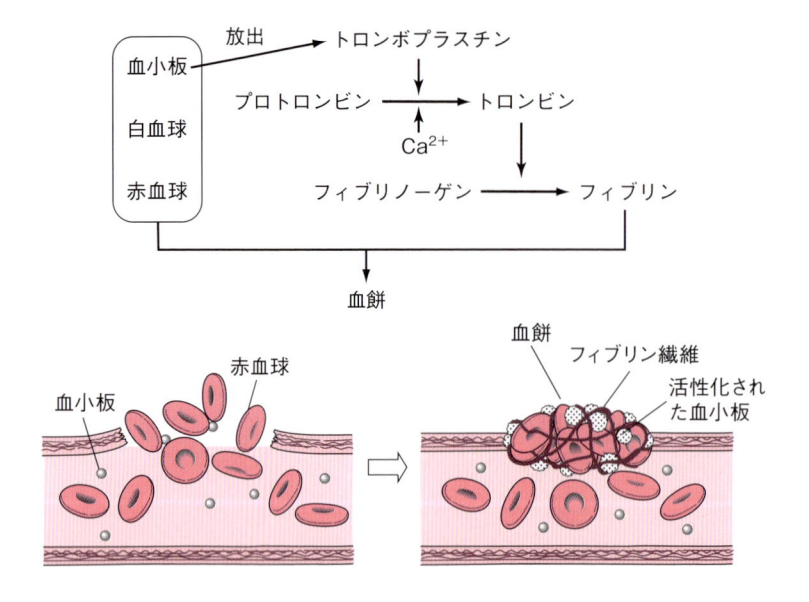

図 16.3　血液凝固反応
(福島雅典 日本語版総監修:『メルクマニュアル医学百科 最新家庭版』オンライン版 http://mmh.banyu.co.jp/mmhe2j/about/front/commitment.html をもとに作図)

にフィブリノーゲンという前駆体タンパク質をフィブリンに変えます。フィブリンは細長い繊維状のタンパク質で，絡み合って網の目のようなネットワークをつくり，多くの血小板と血球を取り込み，大きな血餅をつくり出血を止めます。

こうした血液凝固に対し，凝固反応が進み過ぎないようにしたり，血管が治った後に凝固物を溶かしてしまう反応があり，両者の間でうまくバランスが保たれています。たとえば，血液凝固抑制因子のアンチトロンビンは，プロトロンビンからトロンビンがつくられる反応を抑制し，血管に小さな傷ができただけで全身に凝固が起こることがないようにしています。

血液が固まらない遺伝病があります。血友病です。性染色体*であるX染色体に，血液凝固過程に関与するタンパク質に対する遺伝子があります。血友病は，この遺伝子の変異により引き起こされる遺伝病です。男性はX染色体を1本しかもっていないので，その遺伝子に変異があると発症しますが，女性は2本もっているので，片方のX染色体に異常がなければ，機能が補完されるため発症することはありません。そのため，血友病患者のほとんどが男性です。

* **性染色体**
ヒトの染色体は23対46本存在しますが，その中で性を決めている染色体を性染色体といい，女性はXX，男性はXYの組み合わせとなっています。これらの染色体に存在する遺伝子による遺伝病は，男性と女性で遺伝の仕方が異なります(伴性遺伝)。血友病，赤緑色覚異常などはX染色体上にある遺伝子によります。

16.5　血液検査と尿検査

化学は，私たちのからだのしくみを知るためだけでなく，病気の診断や薬の開発においても大きな貢献をしています。健康状態を知り，疾病

の予防や早期発見のため，学校や多くの職場では健康診断が義務付けられています。

　からだの状態についての情報を得る最も手軽で有効な手段は，血液検査や尿検査です。血液は，小腸から吸収した栄養素や肺で取り入れた酸素をからだのすべての細胞に供給したり，さまざまな臓器から分泌されたホルモンなどの情報分子を必要とする臓器や細胞に送ったり，全身の細胞が放出した老廃物の回収を行うなど，体内の流通システムとして重要な働きをしています。血液は私たちのからだの状態を正確に反映しています。したがって，私たちの健康状態は，さまざまな物質の血中濃度の変化を調べることにより知ることができます。

　一方，尿も私たちの体調を反映しています。血液中の成分は，腎臓で有用なものと廃棄すべきものとに分別されます。腎臓では，血球やタンパク質のような大きい分子は血液中に残りますが，それ以外はろ過されます。ろ液の中で有用なものは再利用のため再び血液中に回収され，回収されなかった廃棄物と一部の水分が尿となります。

　再利用のために回収される量は，1日当たりグルコース200g，アミノ酸70g，無機塩1.6kgに達します。私たちが1日に排泄している尿の量は1.5～2L程度ですが，腎臓では1日180～200Lという大量の尿のもと(原尿)をつくっています。つまり，尿として排泄される水はたった1％に過ぎず，99％は再び体内に吸収され，再利用されています。

　尿は体内の流通システムである血液に由来しているので，尿を調べることにより体調を知ることができます。

16.6　健康を化学で測る

　血液検査や尿検査では，これらに含まれているいろいろな物質を生化学や免疫化学の方法を用いて測定し，数値化しています。

　生化学検査では，AST(GOTともいう)，ALT(GPTともいう)(章末コラム参照)，アミラーゼ*などの肝臓，心臓，膵臓などの組織に由来する酵素の活性，アルブミンやグロブリン*などのタンパク質の量，グルコース，コレステロール，中性脂肪，尿素などの代謝産物の量などが測定されます。また，ホルモンや肝炎ウイルスなどは，抗体の特異性を利用した免疫学的な方法により検査されます。現在，これらの検査のほとんどは，自動分析装置を用いて自動的に行われています。

　健康診断における代表的な検査項目の一つは，糖尿病の早期発見のための，血液中あるいは尿中のグルコース量の測定です。グルコースの血中濃度はグルコースセンサーにより測定されます(図16.4)。その原理

＊**アミラーゼ**
　主に膵臓と唾液腺でつくられており，食物として摂取したデンプンを二糖類のマルトースに消化する酵素です。膵臓や唾液腺の疾患の診断を目的に検査されます。

＊**アルブミンとグロブリン**
　血漿(p.135側注参照)中のタンパク質はアルブミンとグロブリンに大別されます。アルブミンは血漿タンパク質の約50％を占め，最も大量に存在するタンパク質です。脂肪酸，ホルモン，ビタミンなどの血液中での輸送に関与しています。グロブリンはアルブミン以外の100種類に及ぶタンパク質の総称ですが，その中で最も多いのは抗体タンパク質である免疫グロブリンです。アルブミンとグロブリンの比(A/G)が診断に用いられます。

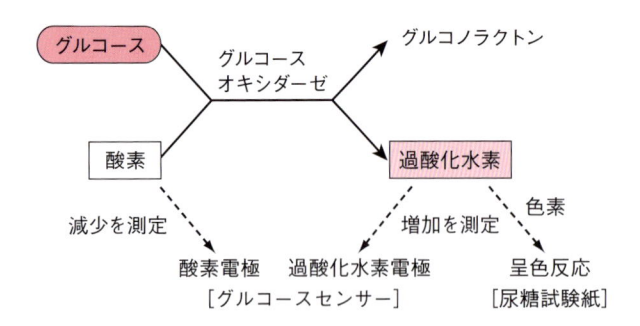

図 16.4　血糖・尿糖の測定

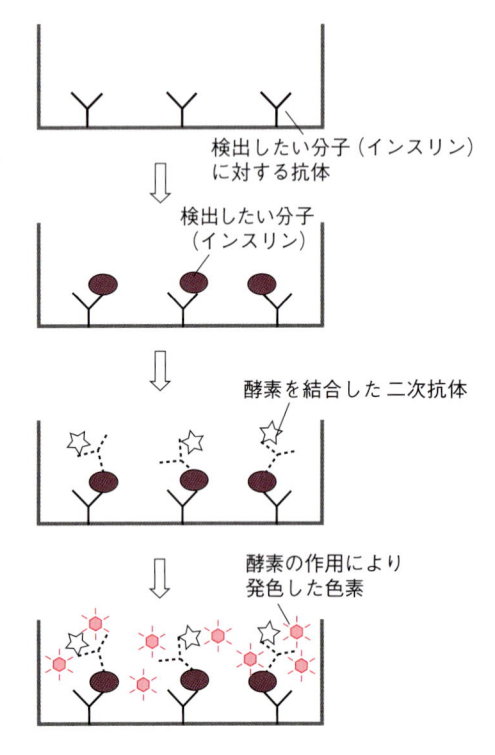

図 16.5　免疫法によるインスリンの定量

は，グルコースオキシダーゼという酵素がグルコースと反応し，同時にグルコース量に比例した量の酸素を使い，これを過酸化水素に変換することを利用しています。生じた過酸化水素量を，電極を利用して測り数値として記録します。

集団での尿検査のときに使うろ紙には，あらかじめグルコースオキシダーゼと，生じた過酸化水素と反応して色が変化する検査試薬が染み込ませてあります。非常に簡単な操作で，変化した色調を基準の色調と比べることで大まかなグルコース濃度を知ることができます。

一方，インスリン濃度を測るには，インスリンとだけ結合する抗体を使用して血液中のインスリンを捕らえ，さらに酵素がくっついている別の抗体（二次抗体）を結合させます。ここに，この酵素により作用を受けると発色する物質を加え発色させて，発色の強さで検体中のインスリンの量を知ることができます（図16.5）。

16.7　くすりの開発と化学

化膿菌などの病原微生物に感染したときは，感染微生物を殺したり，その発育を止めるために抗菌剤が使われます。抗菌剤などの薬品を使って病気を治療することを化学療法，あるいは薬物療法といいます。

最初の抗菌剤は，1910年，梅毒の特効薬として発見されたサルバルサンです。ドイツのエールリッヒと日本の秦 佐八郎が共同で，梅毒の病原菌は殺すけれど，ヒトの細胞にはそれほど影響を与えないヒ素の化合物を開発しました。

ドイツの染料会社の研究所長であったドマークは，染料などの化学物質を次々と試験して，その中から，連鎖球菌やブドウ球菌などの化膿菌

図16.6　ペニシリンの発見
フレミングが1928年に最初の抗生物質ペニシリンを発見したときのペトリ皿。上部の大きな白い部分は青カビ、小さい白い部分はブドウ球菌。青カビの近くの菌の成長が悪く、青カビが菌の成長を妨げる物質を放出していると考えた。(The Alexander Fleming Laboratory Museum, St. Mary's Hospitalより)

を殺す赤い色素を見つけました。その色素の抗菌に有効な構造が解明され、それをもとに、1940年代以降、広い範囲の病原菌に効いて、しかも副作用の少ないサルファ剤＊が続々登場しました。

　一方、1928年、英国の細菌学者フレミングが、実験台の上に置き忘れていたある細菌の寒天平板の中に青かびが紛れ込んで、その周辺だけ細菌が生えていないことに気がつき、青カビが細菌を殺す物質を出していると考えました。これがきっかけになって、ペニシリンが発見されたのです（**図16.6**）。

　1941年、当時不治の病とされていた結核に効く抗生物質ストレプトマイシンがワクスマンにより発見されました。抗生物質 (antibiotics) という言葉もワクスマンがつくったもので、「微生物によってつくられ、微生物の発育を阻止する物質」という意味です。ペニシリンも抗生物質の一つです。

　抗生物質は、細菌が増殖するのに必要な代謝経路に作用することで、細菌にのみ選択的に毒性を示し、人体へは毒性が極めて低いのが特徴です。たとえば、ペニシリンは、細菌だけがもつ細胞壁の合成を抑えることにより殺菌します。

　タンパク質は、リボソームという細胞内の顆粒状の小器官で合成されますが、細菌とヒトの細胞のリボソームは少し違った構造をしています。ストレプトマイシンは、細菌のリボソームのみに結合して細菌のタンパク質合成を止めることにより、選択的に細菌を封じ込めることができます。テトラサイクリンやクロラムフェニコールなども同様の作用があります。

　現在では、新しく抗生物質が発見されるとまずその化学構造を決定して、化学的に合成しています。また、抗生物質を繰り返し使用すると、抗生物質に耐性をもった細菌（耐性菌）が生まれてくることがありますが、このような場合、もとの抗生物質の一部を変化させたり、もとの構造をヒントに、化学的知識を生かして新しい薬をつくり出しています。

＊**サルファ剤**
　硫黄（サルファ）を含むスルフォンアミド部分をもつ合成抗菌剤の総称です。1930年代から40年代にわたって、化膿菌、肺炎菌、腸内病原菌などの抗菌剤として広く用いられましたが、抗生物質の登場により使用が減少し、現在は特定の用途のみに限られています。

16.8 化学と細菌との戦い －多剤耐性菌の出現－

抗生物質などの化学療法剤は，感染症の有効な治療薬としてこれまで大量に使われてきました。ところが，そのことが新たな問題を生んでいます。これらの薬が効かない耐性菌の出現です。

たとえば，サルファ剤は終戦直後の日本で赤痢が流行した際，有効な治療薬として多用されました。ところがしばらくして，サルファ剤の効かない赤痢菌が出現しました。そこで，ストレプトマイシン，クロラムフェニコール，テトラサイクリンなどの抗生物質が次々と投入された結果，赤痢による死亡率は大幅に低下しました。ところが，1957年頃から赤痢菌はこれらの薬剤に対しても耐性を獲得し始め，新たに導入された抗生物質さえ効かない六剤耐性菌というものまでが出現したのです。このような現象は，赤痢菌だけでなくあらゆる細菌に次々と現れました。

こうした耐性菌の中で，現在最も問題になっているのが，メチシリン耐性黄色ブドウ球菌 (MRSA) です。メチシリンはこれまでの耐性菌に効く抗生物質として登場しましたが，これさえも効かないブドウ球菌がMRSAです。MRSAは抗生物質が多用される大病院などで多く発生し，院内感染*菌として大きな問題になっています。

人間も，次々に新しい抗生物質を開発しては，細菌と懸命の戦いを続けています。しかし，新たな抗生物質を開発しても耐性菌はそのたびに出現し，いたちごっこには限りがありません。実は，こうした抗生物

＊院内感染
　病院内で細菌やウイルスなどの病原体に感染すること。病院は病気を治療する場所ですが，いろいろな病原体をもった人が集まり，また薬剤耐性菌も多く生息している場所でもあるので，抵抗力が弱まった患者，子ども，高齢者などが感染症にかかる危険性が高く，集団発生もしばしば起こっています。

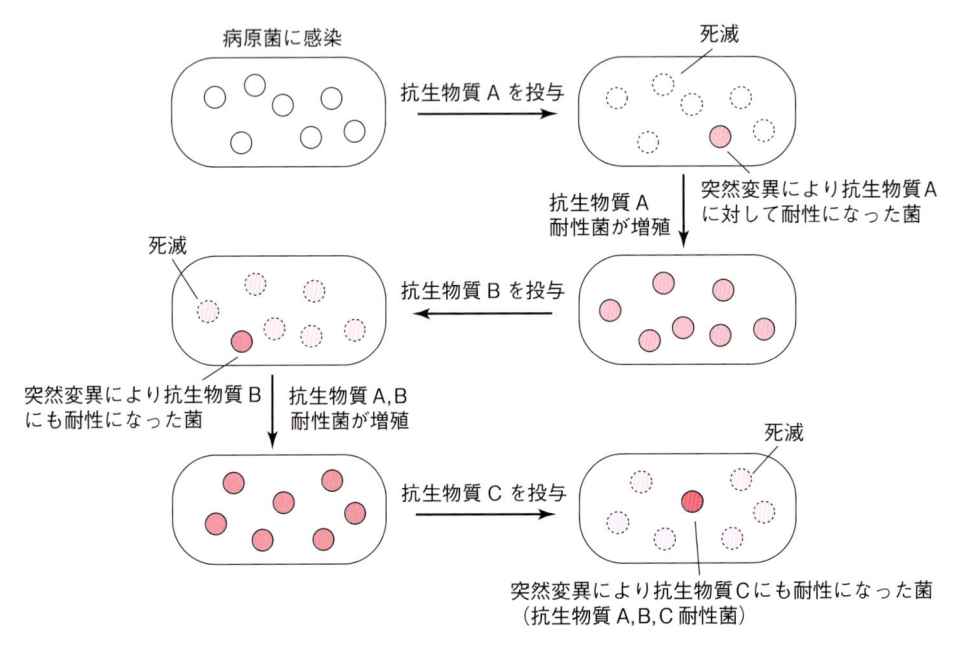

図 16.7　多剤耐性菌出現のしくみ

質の乱用こそが，耐性菌の出現の原因となっています。抗生物質が使用されるたびにほとんどの細菌は死滅しますが，突然変異によって耐性をもったものが1個でも出れば，それが生き残り増殖してしまうからです。私たち自身が，弱い菌を滅ぼし，強い菌を出現させているという皮肉な結果を生んでいるのです (図16.7)。

column 血液検査でAST(GOT)やALT(GPT)を測って何がわかる？

　AST(GOT)やALT(GPT)は，いずれも，糖の代謝物からアミノ酸を生成する代謝に関与している酵素です。さまざまな臓器に含まれていますが，とくに肝臓と心臓の細胞に多く含まれます(表)。

　これらの臓器に障害が起こると血液中に漏れ出てきますが，その量は壊された細胞数に比例します。正常な血清*中の活性に比べ肝臓や心臓での活性がはるかに高いので，臓器細胞がわずかに障害を受けても血液中の活性が敏感に変動し，臓器の変化を知ることができます。

　肝臓のAST活性は血清における活性の約4000倍ですので，たとえば，肝臓(約1.5kg)の0.3%(約5g)の細胞が障害を受けてこの酵素が血清中に漏れ出たとすると，血清中(約2L)の活性はおよそ10倍にも上昇します。このとき，表より，肝臓5gから170000×5＝850000 IUの活性が漏出することになります。この活性量が血清中に流れ出ると，血清(1g/mLとする)の活性は850000/2000＝425 IUとなり，正常時(40 IU)のほぼ10倍に活性が上昇することになるのです。

　臨床検査において，本来血清中には存在しないか，非常に低い活性しかない酵素活性を調べるのは，多くの場合，それぞれの酵素の本来の働きとは直接関係はなく，活性の高い臓器の障害の有無を知るのが目的です。

* **血清**
　血液を凝固させ，凝固物を除いたうす黄色の透明な液体部分です。一方，血液を凝固させずに，遠心などで血球成分を沈殿させた上澄みの液体の部分は，血漿といいます。血漿から血液凝固に関与するタンパク質が除かれたものが血清です。

表　ASTとALTの臓器分布

	AST	ALT
心筋	187	10
肝	170	62
骨格筋	119	6
腎	109	29
膵	34	3
脾	17	2
肺	12	1
赤血球	1	0.2
血清	0.04	0.04

(×1000 IU*/g 湿重量)　　　* IUは国際単位

● 練 習 問 題 ●

第1章 水 —最も身近な環境—

1. 自然界における水の自浄作用について説明せよ。
2. 私たちが家庭で1日に使う水の量は一人当たり250L程度であるが，全体としては3トンもの水を使っているという。家庭用水以外にどのようなところで多くの水を必要としているか説明せよ。
3. 水質汚染の程度を表すものとしてBODとCODが使われているが，一般にCODの方がBODより値が大きいことが多い。どのような理由が考えられるか。
4. アジア，とくに東南アジアは世界の中では雨量が多い地域であるにもかかわらず，きれいな水資源の確保に苦しんでいる。なぜか。

第2章 大気 —きれいな空気を求めて—

1. 原始地球は，太陽系の中で隣の惑星である金星や火星と同様，大気成分として二酸化炭素が大部分を占め酸素はほとんど存在しなかったといわれている。しかし，現在の地球の大気組成は金星や火星とは全く異なっている。地球の大気組成を示し，このようになったと考えられている理由を説明せよ。
2. オゾンが直接的，間接的に健康に与える影響について説明せよ。
3. 化石燃料の使用が地球温暖化や酸性雨の原因となる理由を述べよ。
4. 地球温暖化は生物にどのような影響を及ぼすか説明せよ。

第3章 大地 —いのちと暮らしの基盤—

1. ふつうのガラスの容器を直接火にかけるとひびが入ったり，割れたりすることが多い。なぜか。
2. 陶器と磁器はどのようにしてつくられるか。また，両者にはどのような違いがあるか説明せよ。
3. 酸性雨が生態系にどのような影響を与えるか説明せよ。

第4章 環境化学物質 —環境を蝕む—

1. 生物濃縮とはどのようなことか説明せよ。
2. がんの発病には生活習慣が大きく関わっているといわれているが，その理由を説明せよ。

第5章　エネルギー　—現状と将来—

1. 枯渇性エネルギー，再生可能エネルギーとはそれぞれどのようなものか。例をあげて説明せよ。
2. 日本におけるエネルギー消費量のうち，この30年で最も増加したのは家庭やオフィスなど（民生部門）で使われるエネルギーである。その原因について説明せよ。
3. 燃料電池は環境に優しいエネルギーとして注目されている。どのような原理によるものか。
4. カーボンニュートラルとはどのような考えか説明せよ。

第6章　不思議な水の性質

1. 水はほかの物質と異なる変わった性質をもっており，私たちのいのちや暮らしの中でよく知られている現象も，そのことが原因となっていることが多い。次の現象は水のどのような性質によるのか説明せよ。
   - （1）夏の暑いとき，道路や庭に水をまく。
   - （2）日本では，夏は太平洋から，冬は大陸からの風が多い。
   - （3）製氷皿の氷が皿の上に盛り上がってできる。
2. 日本では，1日における温度差が30℃を超えることはないが，砂漠では50℃に達することがある。理由を考察せよ。
3. フリーズドライ食品が多く出回っている。どのような原理を利用してつくられているか。また，それらの食品にはどのような利点があるか，説明せよ。

第7章　ものが燃えるとは

1. ロウソクが燃えているとき，炎の中心部よりその外側の方が温度が高い。なぜか。
2. 鉄も石も同じように硬い物質であるのに，鉄は燃えるが石は燃えない。なぜか説明せよ。
3. 物質を酸素中で燃やすと空気中よりも激しく燃えるのはなぜか。
4. 鉄くぎは燃えないが，スチールウールのたわしは火を近づけると線香花火のように燃える。なぜか。
5. 閉め切った部屋で木炭やガスストーブを用いると危険である。なぜか説明せよ。

第8章　溶ける・洗う

1. 固体を溶かすとき，大きなままより小さくすると速く溶ける。また，静止しているより撹拌する方が溶けるのが速い。なぜか説明せよ。
2. ビールや炭酸飲料は冷たいときより，温度を上げたときの方が泡が多く出る。なぜか。
3. 梅酒をつくるとき，ふつうの砂糖ではなく氷砂糖を使う。なぜか。
4. 雲間から太陽の光の道（天使の通り道といわれることがある）が見えたり，森林において木立

から太陽の日差しが漏れて光の筋として見えたりすることがある。これらの現象はどのようにして起こるか説明せよ。
5. マヨネーズで汚れた食器とマーガリンで汚れた食器では，水で洗ったときの汚れの落ち方が違う。どう違うか。また，それはなぜか。
6. 水と油を容器に入れて強く振ってもすぐに分かれてしまう。しかし，少量の洗剤を入れて振ると白く濁るが分かれることはない。なぜか。

第9章　くっつくとは

1. 糊の主成分であるデンプンはグルコース（ブドウ糖）からできている。しかし，デンプンは接着剤となるが，ブドウ糖ではものを接着できない。なぜか。

第10章　色をつける

1. 太陽光線はどのような色の光を含んでいるか。
2. 洞窟画や昔の仏教画の中には何百年，何千年の長い間鮮やかな色が残っているものがある。一方，最近の屋外広告の中には色が1年ともたないものがある。どこが違うのか。
3. パソコン画面での色の表示はRGB表示であるが，プリンターのインクはCMYKを用いている。どのような違いがあるか。

第11章　暮らしの中の金属

1. 金属の電気伝導度は温度とともに低下する。理由を説明せよ。
2. アルミニウム製品は回収，再生することがとくに求められている。なぜか。
3. 金属が色と関係している例をあげ，説明せよ。

第12章　進化し続けるプラスチック

1. プラスチックの一般的な特徴を3つあげ説明せよ。
2. ナイロンは絹を目指してつくられたが，両者の類似点と相違点を述べよ。
3. 生分解性プラスチックとは何か。

第13章　生体内で働いている分子たち

1. 生体内の高分子化合物を3種類あげ，それぞれの単量体の名前を示せ。
2. グリコーゲン，デンプン，セルロースを加水分解すると，いずれも単糖としてグルコースが得られるのに，これらが異なる物質であるのはなぜか。また，ヒトがセルロースを栄養として利用

できない理由を述べよ。
3. 多くの植物性油は室温では液体であるが，動物性の油（脂）は固体であることが多い。どのような違いによるか。
4. 生体中の無機質で最も多いのは何か。それはどのような働きをしているか。
5. 生体におけるデオキシリボ核酸の働きを説明せよ。

第14章　栄養と代謝

1. 酵素の本体は何か。また，酵素あるいは酵素反応の特徴は何か。
2. 必須アミノ酸と必須ではないアミノ酸の違いは何か。
3. 私たちは呼吸により酸素を取り入れている。酸素がないと死んでしまうが，なぜ必要なのか。

第15章　体内の化学情報伝達 ―ホルモンと神経―

1. 生体内の主な情報伝達系として内分泌系と神経系がある。両者の情報伝達法としての違いを説明せよ。
2. 血糖値を調節しているホルモンをあげ，それらの作用を説明せよ。
3. ビタミンとホルモンの類似点と相違点を述べよ。

第16章　からだを守るシステム

1. ワクチン接種は治療ではなく予防のためであることを説明せよ。
2. 多剤耐性菌が出現する過程を説明せよ。

参考文献

近畿化学協会編：『いのちと暮しのケミ・ストーリー』化学同人 (1989)

山崎 昶・会沢敏雄：『生活の化学』裳華房 (1989)

日本化学会編：『身近な現象の化学 part2 －台所の化学』培風館 (1989)

宮田光男編：『化学 話の泉 －新聞紙上のトピックス』ポピュラー・サイエンス，裳華房 (1989)

宮田光男編：『続・化学 話の泉 －新聞紙上のトピックス』ポピュラー・サイエンス，裳華房 (1994)

国本浩喜：『暮らしの化学』裳華房 (1996)

芝 哲夫：『化学物語 25 講 －生きるために大切な化学の知識』化学同人 (1997)

関崎正夫：『化学よもやま話』科学のとびら 39，東京化学同人 (2000)

宮田光男編著：『環境 話の泉 －みんなで考えよう 76 のトピックス』ポピュラー・サイエンス，裳華房 (2000)

井上祥平：『はじめての化学 －生活を支える基礎知識』化学同人 (2002)

古橋昭子・山崎 昶：『落語横丁の化学そぞろ歩き』ポピュラー・サイエンス，裳華房 (2002)

日本化学会編：『化学ってそういうこと！ －夢が広がる分子の世界』化学同人 (2003)

大宮信光：『面白いほどよくわかる化学 －身近な疑問から人体・宇宙までミクロ世界の不思議発見！』学校では教えない教科書，日本文芸社 (2003)

竹内敬人ほか編著：『ダイナミックワイド 図説化学』東京書籍 (2003)

伊藤明夫：『自分を知る いのちの科学』培風館 (2005)

数研出版編集部編：『視覚でとらえるフォトサイエンス 化学図録』改訂版，数研出版 (2006)

日本化学会化学教育協議会 グループ・化学の本 21 編：『化学 入門編 －身近な現象・物質から学ぶ化学のしくみ』化学同人 (2007)

● 問題解答とヒント ●

第1章
1. 生物の食物連鎖による。具体的な例は本文を参照（p.6 参照）。
2. 私たちが使っている水には家庭用水以外に，都市活動用水，工業用水，農業用水があるが，農業用水の割合が高いことに注意。たとえば，米1kgをつくるのに，3.6トンの水が必要など（p.3～5 参照）。
3. BODとCODの測定法の違いに注意（p.8 参照）。BODは有機物を微生物により分解させたとき消費した酸素量を測定しているので，洗剤，重金属など微生物に対して毒性のある有機物や無機物が多く含まれていると微生物が死滅して，BODの値が低くなる。また，微生物によって分解しにくい有機物もBODとして表すことができない（p.8 参照）。
4. この地域は人口が多いうえ，発展途上にあり，工業化が最優先になっている。一人当たりの利用可能な水の量，水質汚染などに注意（p.9 参照）。

第2章
1. 地球が水の星であり，海洋と生物（植物）が存在することにより二酸化炭素と酸素はどうなったか（p.13～14 参照）。
2. 直接的には光化学スモッグ，間接的にはオゾン層として作用。両者がどのように健康と関連しているか（p.16～18 参照）。
3. 化石燃料は元々生物に由来するので，炭素や水素に加えて窒素や硫黄を含んでいる。これらが燃えたとき何ができるか。生成物がどのような性質をもっているか（p.19～22 参照）。
4. 生物の生育範囲の変化，そのことによる人間の健康への影響など（p.20～21 参照）。

第3章
1. 一般のガラスの特徴は高い熱膨張率と低い熱伝導性。ガラス容器を火にかけたとき，火に当たる面と反対側ではどうなるか（p.25 参照）。
2. 焼成温度の差により両者にどのような違いがでるか（p.24～25，表3.2 参照）。
3. 北部ヨーロッパ，北アメリカ北部の例。樹木や水生生物への影響（p.29～30 参照）。

第4章
1. 食物連鎖のそれぞれの段階での濃縮の様子（p.33 参照）。
2. がんの発病と食物，嗜好品，職業などとの関連（p.35 参照）。本書では記述していないが，それぞれの例を調べてみるとよい。

第 5 章
1. 地球の過去の遺産によるエネルギーか，現在もつくり出されているエネルギーか。原子力エネルギーはどちらに入る？（p.40 参照）
2. この 30 年間で家庭やオフィスで最も変化したものは？（p.41 参照）
3. 水の電気分解との関係（p.44 〜 45 参照）。
4. バイオマス燃料は元々何からつくられたものか？（p.47 参照）

第 6 章
1. (1) 大きな蒸発熱（p.50，表 6.1，p.54 参照）。
   (2) 大きな比熱（p.50，表 6.1，p.53 〜 54 参照）。
   (3) 固体と液体の分子の並び方の違い（p.51 〜 52 参照）。
2. 大きな比熱，蒸発熱，融解熱をもつ水の有無（p.50，表 6.1，p.53 〜 55 参照）。
3. 気圧と沸点との関係，低温で固体から乾燥することの利点（p.53 参照）。

第 7 章
1. 酸素と最も化学反応を起こしているのは炎のどこか？（p.57 参照）
2. 燃焼とは酸素と反応すること。鉄は鉄のままで酸素と反応できるが，石の主成分は二酸化ケイ素や炭酸カルシウムで，すでに酸素と反応している（p.59 〜 60，62 参照）。
3. 燃焼とは酸素と反応すること（p.57 〜 60 参照）。
4. 燃焼の三要素は可燃物と酸素と？（p.58 参照）
5. 不完全燃焼したとき，どのような気体が発生するか？（p.60 〜 61 参照）

第 8 章
1. 溶けるとは，まず固体の表面から分子が離れて行くこと（p.63 〜 65 参照）。
2. 気体の溶解度と温度の関係は？（p.65 〜 66，表 8.1 参照）
3. どちらが速く溶け，溶液の浸透圧が高くなるか？（p.67 参照）
4. 光はふつう横からは見えない。光の通り道がわかるのは，光が小さい粒子により散乱されているから（p.68 参照）。
5. マヨネーズは水中油型，マーガリンは油中水型のエマルション（p.69 参照）。
6. 洗剤は両親媒性物質で水にも油にも親和性がある。このような物質を水と油の中に入れるとどうなるか（p.69 参照）。

第 9 章
1. 十分な接着をするには多くの場所で接着すべき面と相互作用をしなければならないので，小さい分子では効果がでない（p.75 参照）。

第 10 章

1. すべての光を含んでいるので白く見える（p.79 〜 80 参照）。
2. 昔の色素（顔料）には鉱物由来のものが多く，光に対して安定。現在の色素の多くは合成有機化合物で，光と反応して退色しやすい（p.80 〜 81，表 10.1 参照）。
3. 光と印刷の色の違い。RGB，CMY はそれぞれどのような色を示しているか？　また，それぞれの色の間の関係は？（p.83 参照）

第 11 章

1. 金属内での金属イオンと電子の関係（並び方）。温度を上げたときそれらの動きはどうなるか？（p.87 〜 88 参照）
2. アルミニウムをボーキサイトから精錬するコストとアルミニウム製品から精製するコストの違い（p.91 参照）。
3. 無機色素（顔料），宝石，着色ガラス，陶磁器の釉薬，花火など（p.25，80 〜 82，表 10.1，p.93 〜 94 参照）。

第 12 章

1. 自由に成形できる，軽くて薬品に安定，電気を通さない，機械的力に弱い，有機溶剤や熱に弱い，など（p.95，97 参照）。
2. 重合している単位は違うが，それらの結合の仕方は似ている（p.97，99，図 12.5 参照）。
3. 微生物が分解できるプラスチック。このようなプラスチックの必要性，種類なども調べてみよう（p.102 参照）。

第 13 章

1. タンパク質（アミノ酸），デンプン（グルコース），核酸（ヌクレオチド）（p.106 〜 112 参照）。
2. 生成する生物（動物か植物か）とグルコース単位の結合の仕方の違い。ヒトにはセルロースにおける結合を切断する酵素がない（p.109 参照）。
3. 構成している脂肪酸の違い（p.110 〜 111 参照）。
4. カルシウム。骨や歯の主成分（p.113，表 13.2 参照）。
5. 遺伝子の本体。遺伝子における情報とは？（p.111 〜 112 参照）

第 14 章

1. 本体はタンパク質。タンパク質以外に補因子を必要とするものもある。最も大きな特徴は基質特異性。そのほかは？（p.116 〜 118 参照）
2. ヒトの体内でアミノ酸以外の代謝物からつくることができるか，否か（p.121 参照）。
3. ヒトではエネルギー生産に酸素は必須。どのような代謝系で酸素が使われてエネルギーがつくられるか？（p.118 〜 120 参照）

第 15 章

1. 郵便と電話の違い。内分泌系では，それぞれの情報（ホルモン）の発信場所（内分泌器官）と宛先（受容細胞）は決まっているが，送信中はすべてのホルモンは一緒になって血流中を流れている。神経系では発信細胞と受信細胞は直接ケーブルでつながっている（p.124 参照）。
2. 血糖値が高くなった場合はインスリン，低くなった場合はグルカゴンとアドレナリン。それぞれどこで血糖値を感知してそこからホルモンが分泌されるか。受容細胞でどのような反応を起こして血糖値を制御しているか（p.126 〜 128 参照）。
3. 両者とも極めて微量で作用を示すことができる。ビタミンはヒトのからだでつくることができず外から取り入れる必要があるが，ホルモンは内分泌腺でつくられる。ビタミンの多くは直接代謝反応に関与して働くが，ホルモンは代謝反応を起こさせる命令を伝えるだけで反応には直接関与しない（p.113，126 参照）。

第 16 章

1. ワクチンは特定の細菌あるいはウイルスに一度感染した経験をもたせるために行うことに注意（p.132 〜 134 参照）。
2. ある病原菌を殺すため抗生物質を投与すると，病原菌のほとんどすべては死滅する。しかし，突然変異によりその抗生物質に対する耐性を獲得した菌が現れると，その菌は競争者がいないので盛んに増殖する。そこでそれらを退治するため別の抗生物質を投与すると，最初と同様にほとんどすべて死滅するが，1 個でも耐性菌が出現するとそれが増殖してしまう。こうして次々といくつもの抗生物質に耐性な菌が出現してしまう（p.140 〜 141 参照）。

索　引

欧　字

β酸化系　119
ABS　71
ALT（GPT）　137, 141
AST（GOT）　137, 141
ATP　116
BOD　7, 8
B細胞　132, 135
CMYK表示　83
COD　8
DDT　32
DNA　111
LAS　71
NOx　21, 22
PCB　32
RGB表示　83
RNA　111
SOx　21, 22
T細胞　132

ア

藍　80
藍染め　86
茜　80
足尾銅山　22, 27
アスベスト　33
アドレナリン　125, 127
アミノ酸　106, 121
アリザリン　81
有吉佐和子　38
アルキル基　71
アルキルベンゼンスルホン酸　71
アルコール発酵　120
アルミニウム　90

イ，ウ

硫黄酸化物　22

イオン結合　75, 84
異化　115
石綿　33
イタイイタイ病　27
一次エネルギー　39
一次電池　43
一酸化炭素　60
色　79
引火　59
引火点　59
インジゴ　81, 86
インスリン　125, 127, 138
梅酒　67

エ

エールリッヒ　138
エタン　98
エチレン　98
エネルギー　115
エネルギー資源　39
エネルギー消費　40
エマルション　69
塩　6
炎色反応　93
延性　87

オ

オイルショック　41
黄鉛　82
オゾン　16, 18
オゾン層　16
オゾンホール　17
温室効果ガス　19

カ

カーボンニュートラル　48
カーボンブラック　82
外因性内分泌攪乱化学物質　38

解糖系　118
界面活性剤　69
化学吸着　74
化学結合　74
核酸　111
可視光線　79
化石資源　39
化石燃料　22
可塑性　87
活性酸素　15, 16
家庭用水　3
可燃物　58
ガラス　25
火力発電　42
カルボキシル基　70
カロザース　96
がん　35
岩石　23
顔料　80

キ

気化熱　54
基質　117
基質特異性　117
逆浸透法　66
吸水性ポリマー　103
吸着　73
吸着剤　74
共有結合　75, 84
極性　75
金　92
銀　92
金属　87
金属光沢　87

ク

グルカゴン　127
グルコース　108, 118, 127, 137

索引

黒い三角地帯　29

ケ

軽金属　87
ケイ素　23
血液型糖鎖　114
血液凝固　135
血液検査　137
血小板　135
血清　141
血友病　136
煙　60
原子力エネルギー　39
原子力発電　42

コ

光化学オキシダント　18
光化学スモッグ　18
光化学反応　18
工業用水　3
合金　89
抗菌剤　138
抗原　133
光合成　14
合成樹脂　95
合成洗剤　71
抗生物質　139
酵素　117
抗体　133
鉱物　23
高分子物質　75
広葉樹　21
枯渇性エネルギー　40
ゴミ　37
コロイド　68
コンクリート　26

サ

再生可能エネルギー　40
桜田一郎　96
殺虫剤　32
砂糖　63
砂漠化　28
さび　62
サファイア　94
サリン　131
酸化　57
酸性雨　21, 29
酸素　14, 15, 23, 52, 57, 58, 66

シ

シーア・コルボーン　38
ジェンナー　134
磁器　24
色素　80
脂質　110
自浄作用　6
シナプス　129
脂肪酸　110, 119
シャンプー　72
重金属　87
自由電子　87
消火　61
消化　115
蒸気圧　51
浄水　5
状態変化　50
蒸発熱　54
食塩　63, 66
食物連鎖　6
ショ糖　66
白川英樹　101
神経系　124
神経細胞　128
神経伝達物質　129, 130
辰砂　81
親水性　64, 69, 70
真鍮　89
浸透圧　66

ス

水質汚染　7
水素　52
水素結合　52, 75, 84, 112
水力発電　43
スーパーオキシドイオン　15
すす　60, 82
ステロイド　111
ステンレス鋼　90

セ

生活習慣病　128
生活排水　7
生活用水　3
生体触媒　117
生体膜　111
青銅　89, 91
生物濃縮　33
生分解性プラスチック　102
石炭　39
石油　39
石けん　70
接着　73
接着剤　76
セメント　25
セラミックス　26
セルロイド　96
セロハンテープ　77
染色　84
染料　80

ソ

疎水性　64, 69, 70
ソックス (SOx)　21, 22

タ

タール色素　85
ダイオキシン　35, 37
大気　13
大気汚染　22
代謝　115
代謝調節　122
太陽光　79
太陽電池　46
多剤耐性菌　140
脱酸素剤　62

索引　153

多糖類　109
タバコ　35
炭化水素　18, 70, 98
単糖類　108
タンパク質　106
単量体　76

チ

地球温暖化　19
窒素酸化物　22
地熱発電　42
着色料　85
中性脂肪　110
中皮腫　34
超純水　56
チンダル現象　68

ツ

使い捨てカイロ　62
土　23
槌田龍太郎　31

テ

デオキシリボ核酸　111
鉄　90
テフロン　78
電解質　45
電気抵抗　88
電気伝導率　91
展性　87
電池　43
天然ガス　39

ト

銅　91
同化　115
陶器　24
糖質　108
導電性　88
糖尿　127
糖尿病　126
銅フタロシアニン　82

ドーパミン　130
都市活動用水　3
土壌汚染　27
土壌劣化　28
利根川 進　134
ドマーク　138
ドライクリーニング　71
トリカルボン酸回路　118
トロンビン　135

ナ

内分泌器官　125
内分泌系　124
ナイロン　96, 99

ニ, ヌ

二酸化ケイ素　23
二酸化炭素　14, 19, 57, 66, 118
二次エネルギー　39
二次電池　44
二糖類　109
二度なし現象　132
乳化　69
乳濁液　69
ニューロン　128
尿検査　137
ヌクレオチド　111

ネ

熱　58
燃焼　57
粘着　73, 77
燃料電池　45

ノ

農業用水　3
濃度　64
ノックス (NOx)　21, 22

ハ

バイオマス　47
廃棄物　37

秦 佐八郎　138
発火　59
発火点　59
白金　92
発電　41
ハンダ　89
半導体　46
半透膜　66

ヒ

火　57
光ファイバー　102
非極性　75
比重　87
ビタミン　113
必須アミノ酸　121
ビニロン　96
比熱　54
表面張力　55

フ

フィブリノーゲン　136
フィブリン　136
腐植　10, 27
付箋紙　77
物質量　64
沸点　51
沸騰　51
物理吸着　74
不動体被膜　90
ブフナー兄弟　120
不飽和脂肪酸　111
プラスチック　95, 100
フリーズドライ法　53
フレミング　139
プロトロンビン　135
フロン類　17
分子間力　74

ヘ

ペニシリン　139
ペプチド結合　99, 108

ヘモグロビン　60, 107
弁柄　81

ホ

芳香族炭化水素　57
宝石　94
飽和　65
飽和脂肪酸　111
補酵素　118
ポリエチレン　98
ポリスチレン　101
ポリ乳酸　102
ポリビニルアルコール　100
ポリプロピレン　100
ボルタ　43
ホルモン　124

ミ

水　2, 50
水資源　2, 9
密度　87
ミトコンドリア　118

緑のダム　10

ム

無機顔料　81
無機質　113

メ

メタンハイドレート　48
免疫　132

モ

毛管現象　55
モル　64

ヤ, ユ

焼きもの　24
融解熱　54
有害物質　27
有機塩素化合物　32, 37
有機物　5
油症事件　32

ヨ

溶液　64
溶解　63
溶解度　65
溶質　64
溶媒　64

ラ 行

律速段階　121
リボース　108
リボ核酸　111
両親媒性物質　69
リン脂質　111
リンス　72
ルビー　94
レイチェル・カーソン　38

ワ

ワクスマン　139
ワクチン　132

● 著者略歴 ●

伊藤 明夫（いとう あきお）

1939 年	長野県生まれ
1963 年	大阪大学理学部化学科卒業
1968 年	大阪大学大学院理学研究科博士課程修了（理学博士）
	九州大学医学部助手
1971 年	九州大学理学部生物学科助教授
1989 年	九州大学理学部化学科教授
2003 年	九州大学名誉教授
	放送大学客員教授
2010 年	北九州市立いのちのたび博物館 館長

専門分野：生化学

主な著書
『自分を知る いのちの科学』（培風館，2005）
『はじめて出会う 細胞の分子生物学』（岩波書店，2006）
『細胞のはたらきがわかる本』岩波ジュニア新書（岩波書店，2007）

環境・くらし・いのちのための 化学のこころ

2010 年 10 月 10 日　第 1 版 1 刷発行
2016 年 2 月 10 日　第 1 版 3 刷発行

検印省略

定価はカバーに表示してあります．

著作者　伊藤明夫
発行者　吉野和浩
　　　　東京都千代田区四番町 8-1
　　　　電　話　　03-3262-9166（代）
　　　　郵便番号　102-0081
発行所　株式会社　裳華房
印刷所　三報社印刷株式会社
製本所　株式会社　松岳社

社団法人 自然科学書協会会員

JCOPY〈(社)出版者著作権管理機構 委託出版物〉
本書の無断複写は著作権法上での例外を除き禁じられています．複写される場合は，そのつど事前に，(社)出版者著作権管理機構（電話03-3513-6969，FAX03-3513-6979，e-mail:info@jcopy.or.jp）の許諾を得てください．

ISBN 978-4-7853-3085-9

ⓒ伊藤明夫，2010　　Printed in Japan

各 B 5 判・2 色刷

ステップアップ 大学の総合化学 齋藤勝裕 著 152 頁／本体 2200 円＋税

ステップアップ 大学の分析化学 齋藤勝裕・藤原 学 共著 154 頁／本体 2400 円＋税

ステップアップ 大学の物理化学 齋藤勝裕・林 久夫 共著 158 頁／本体 2400 円＋税

ステップアップ 大学の無機化学 齋藤勝裕・長尾宏隆 共著 160 頁／本体 2400 円＋税

ステップアップ 大学の有機化学 齋藤勝裕 著 156 頁／本体 2400 円＋税

CatchUp 大学の化学講義（改訂版）
－高校化学とのかけはし－ 2色刷
杉森 彰・富田 功 共著
A5判／162 頁／本体 1900 円＋税

一般化学（三訂版） 2色刷
長島弘三・富田 功 共著
A5判／288 頁／本体 2300 円＋税

あなたと化学 2色刷
－くらしを支える化学 15 講－
齋藤勝裕 著
B5判／144 頁／本体 2000 円＋税

演習で学ぶ 化学熱力学
－基本の理解から大学院入試まで－
中田宗隆 著
A5判／170 頁／本体 2000 円＋税

生命系のための 有機化学 I
－基礎有機化学－ 2色刷
齋藤勝裕 著
B5判／154 頁／本体 2400 円＋税

生命系のための 有機化学 II
－有機反応の基礎－ 2色刷
齋藤勝裕・籔内一博 共著
B5判／164 頁／本体 2600 円＋税

テキストブック 有機スペクトル解析
－1D, 2D NMR・IR・UV・MS－
楠見武徳 著
B5判／228 頁／本体 3200 円＋税

化学の指針シリーズ
各A 5判

化学環境学
御園生 誠 著 250頁／本体2500円＋税

錯体化学
佐々木・柘植 共著 264頁／本体2700円＋税

量子化学 －分子軌道法の理解のために－
中嶋隆人 著 240頁／本体2500円＋税

生物有機化学
－ケミカルバイオロジーへの展開－
宍戸・大槻 共著 204頁／本体2300円＋税

有機反応機構
加納・西郷 共著 262頁／本体2600円＋税

超分子の化学
菅原・木村 共編 226頁／本体2400円＋税

有機工業化学
井上祥平 著 246頁／本体2500円＋税

分子構造解析
山口健太郎 著 168頁／本体2200円＋税

化学プロセス工学
小野木・田川・小林・二井 共著
220頁／本体2400円＋税

2016 年 2 月現在

裳華房 SHOKABO
電子メール info@shokabo.co.jp
ホームページ http://www.shokabo.co.jp/